Doris Braun

Wagenziehen mit Hunden

AF524314

Doris Braun

Wagenziehen mit Hunden

Artgerechte Ausbildung und richtiges Training

Oertel+Spörer

Bildnachweis
Titelbild: Doris Braun
Innenteilbilder:
Birgit Fechter: S. 23
Bernd Günter: S. 8, 12, 41 oben
Sabine Drobik: Grafik S. 43
Alle anderen Bilder und Grafiken von der Autorin.

Haftungsausschluss

Die Hinweise in diesem Buch wurden von der Autorin sorgfältig recherchiert und geprüft. Es können jedoch keinerlei Garantien übernommen werden. Eine Haftung der Autorin, des Verlags und seiner Beauftragten für Personen-, Sach- und Vermögensschäden ist ausgeschlossen. Sämtliche Teile des Werks sind urheberrechtlich geschützt. Jede Verwertung außerhalb der engen Grenzen des Urheberrechtsgesetzes ist ohne die schriftliche Zustimmung des Verlags und der Autorin unzulässig und strafbar. Dies gilt insbesondere für Vervielfältigungen, Übersetzungen, Mikroverfilmungen und die Einspeicherung und Verarbeitung in elektronischen Systemen.

Bibliografische Information der Deutschen Nationalbibliothek
Die Deutsche Nationalbibliothek verzeichnet diese Publikation in der Deutschen Nationalbibliografie; detaillierte bibliografische Daten sind im Internet über http://dnb.d-nb.de abrufbar.

© Oertel+Spörer Verlags-GmbH + Co. KG · 2014
Postfach 16 42 · 72706 Reutlingen
Alle Rechte vorbehalten
Schrift: Meta 9/11 pt
Lektorat: Dr. Gabriele Lehari
DTP und Repro: raff digital gmbh, Riederich
Druck und Bindung: Oertel+Spörer Druck und Medien-GmbH+Co., Riederich
Printed in Germany
ISBN 978-3-88627-859-6

Inhalt

Vorwort

Liebe Leserin, lieber Leser,
erfreulicherweise ist Wagenziehen mit Hunden eine Beschäftigungsart, die zunehmend Anhänger findet. Hunde brauchen eine Aufgabe und haben Freude am gemeinsamen Tun mit ihrem Menschen. Mit diesem Buch möchte ich Interessierte ermuntern, mit ihrem Hund zusammen Wagen zu ziehen, und Menschen, die bereits in diesem Bereich aktiv sind, noch den einen oder anderen Tipp geben und auch zum Nachdenken anregen.

Mit der richtigen Erziehung und dem passenden körperlichen Training ist Ihr Hund auf seine Aufgabe gut vorbereitet. Eine Auswahl an Möglichkeiten, die Sie mit Ihrem Hund am Wagen haben, um ihn in Ihren Alltag einzubinden und Ihre Freizeit gemeinsam mit ihm zu verbringen, werden Sie in diesem Buch finden. Vor allem aber möchte ich Ihnen Hilfestellung geben, für Ihren Hund die richtige Ausrüstung zum Anspannen zu finden, in der er sich rundherum wohlfühlt, die ihn nicht behindert oder hemmt und in der er seine Kraft am besten ausnutzen kann.

Die Autorin mit ihren Hunden.

Über die richtige Anspannung – damit ist natürlich nicht die psychische Anspannung, sondern die Art des Anspannens vor den Wagen gemeint – von Hunden gab es bisher nur wenige und oft fehlerhafte Informationen. Mir ist es daher ein besonderes Bedürfnis, mein Wissen und meine Erfahrungen diesbezüglich weiterzugeben.

Lange bevor ich mich mit dem Wagenziehen aktiv auseinandergesetzt habe, habe ich schon hin und wieder Hundegespanne gesehen, meist mit dekorativ geschmückten Wägelchen. Trotz des schönen Anblicks hat mich immer wieder ein Unbehagen beschlichen, wenn ich die Hunde, durchaus sehr freudig, vor dem Wagen sah. Dieses Unbehagen konnte ich damals noch nicht mit dem in Verbindung bringen, was mir heute bewusst ist. Von historischen Wagen abgesehen waren die Wagen durchweg mit zu kleinen Rädern ausgestattet und die Zugvorrichtung nicht ergonomisch an den Hundekörper angepasst. Häufig wurden Geschirre verwendet, die für den Lastenzug nicht ideal sind und nicht optimal an den Hund angepasst waren.

Trotzdem habe ich mit meinen Hunden das Wagenziehen so angefangen, wie es alle taten. Meine Hunde hatten unendlich viel Geduld mit mir und haben mir viel verziehen. Ich hatte wenig Ahnung, wie der Zug bei den einzelnen Geschirrarten auf den Körper des Hundes wirkt, noch wusste ich, wie richtige Zugvorrichtungen auszusehen haben. Der Vergleich mit dem Fahren mit Pferden wurde von „Zughundekennern“ weggewischt mit der Bemerkung, Hunde seien keine Pferde. Sie haben insofern recht, dass Pferde Fluchttiere und Hunde Beutegreifer sind

Max und Moritz mit Brustblattanspannung …

und Hunde deshalb nicht mit Fluchtverhalten reagieren, wenn ihnen etwas unangenehm ist. Im Körperbau, in der Bewegung und in ihren Empfindungen sind sie jedoch ähnlich, auch wenn ihr Ausdrucksverhalten differiert. Die Reaktionen von Pferden am Wagen sind prompt, heftig und lebensgefährlich für Mensch und Tier. Deshalb wird auf die Anspannung von Pferden sehr viel Sorgfalt verwendet. Diese Sorgfalt wollte ich auch bei meinen Hunden walten lassen und mich nicht mit der Aussage zufriedengeben, dass Hunde eben anders sind als Pferde.

Mit der Zeit habe ich mir mehrere Geschirre und Zugvorrichtungen angeschafft, meine Hunde damit angespannt, beobachtet, verglichen und bewertet. Immer besser konnte ich an meinen Hunden ablesen, was für sie angenehm ist und was nicht.
Als ich mich intensiver mit dem Wagenziehen beschäftigte, fiel mir auf, dass viel über das Anlernen an das Wagenziehen geschrieben wurde, nicht jedoch über den Körperbau und Bewegungsapparat eines Hundes und nichts über die Wirkung der Geschirre oder der Zug-, Lenk- und Bremsvorrichtungen und der Wagen. Viele Menschen mit Hunden wissen wenig über die Anatomie und die Funktionalität des Hundekörpers.

So wie es mir am Anfang ging, geht es anderen auch: Wir machen nach, was wir bei anderen sehen, ohne uns zu überlegen, welche physikalischen, anatomischen und ergonomischen Aspekte zu beachten sind und welche Anforderungen an Geschirr, Zugvorrichtung und Wagen sich daraus ergeben.

... und später mit Kumt.

Während meiner Recherchen bin ich auf sehr alte Bücher über die Anspannung von Pferden und anderen Zugtieren gestoßen. Sie waren mir eine große Hilfe, weil sie die oben genannte Wirkung auf die Zugtiere detailliert und gut verständlich beschrieben haben. Dies auf anatomischen und physikalischen Gegebenheiten basierende Wissen hat sich auch in über hundert Jahren nicht verändert.

Gelernt habe ich auch von unseren Ardenner Kaltblutpferden Max und Moritz, mit denen mein Mann fährt. Sie waren jahrelang mit Brustblattgeschirren angespannt. Als ich meinen Mann auf einer zehntägigen Wanderfahrt begleitet habe, wurde mir bewusst, dass ein Kumtgeschirr (auch Kummetgeschirr genannt) für die Pferde wesentlich angenehmer und kräfteschonender ist. Ein wenig Überzeugungsarbeit war notwendig, da die Umstellung erhebliche Kosten verursachte. Doch den Pferden zuliebe hatte mein Mann ein Einsehen. Heute werden die beiden nur noch mit Kumt gefahren.

Im Zughundesport, bei dem mit Schlitten, Dogscootern, Fahrrädern, Trikes und Saccocarts gefahren, oder bei Cani-Cross, bei dem ohne Fahrzeug gezogen wird, hat sich in den letzten Jahren viel getan. Diese Sportarten, die auf den schnellen Zug mit leichtfüßigen, schlanken Hunden spezialisiert sind, haben sich stetig weiterentwickelt. In diesem Buch möchte ich aber auf diese Sportarten nicht näher eingehen.

Beim Wagenziehen mit großen, kräftigen Hunden haben sich viele an den Zughundesport angelehnt und Geschirre und Zugvorrichtungen übernommen. Jeder, der seinen Hund vor den Wagen spannt, tut das mit den allerbesten Absichten, jedoch oft mit Unwissenheit oder Gedankenlosigkeit. Das Wissen aus früherer Zeit, wie Lastenzughunde ausdauernd und kräfteschonend Wagen gezogen haben, ist anscheinend in Vergessenheit geraten und hat bisher kaum eine Weiterentwicklung erfahren.

Daher möchte ich Ihnen mit diesem Buch diese wunderbare Betätigung für Ihren Hund näherbringen. Ich wünsche Ihnen viel Freude beim Wagenziehen und Ihrem vierbeinigen Freund dabei ein glückliches, gesundes und hoffentlich langes Hundeleben.

Doris Braun

Wie es früher war

Seit Hunde sich dem Menschen angeschlossen haben, war dieses Zusammenleben geprägt von gegenseitigem Nutzen. Suchten die Wölfe das Lager der Menschen auf, um sich von Abfällen und Kot zu ernähren, so boten sie Schutz gegen Eindringlinge, bewährten sich bei der gemeinsamen Jagd und hielten das Lager sauber.
Im Laufe der Jahrhunderte erweiterten sich die Aufgabenbereiche der Hunde. Sie wurden neben dem Einsatz als Jagdgehilfen auch als Hüter des Viehs gegen Feinde eingesetzt. Doch nicht nur zum Schutz des Viehs, sondern auch zum Treiben der Herden eigneten sie sich. Ihre Warn- und Verteidigungsbereitschaft machte sie in vielen Bereichen unentbehrlich, wenn es galt, etwas zu beschützen und zu verteidigen. Als Melde-, Wach und Minenhunde waren sie im Kriegseinsatz ebenso wie als Pack- und Zughunde. Auf Bauernhöfen wurden Hunde gehalten, die Schutz boten und Karren ziehen konnten. Und schon vor langer Zeit dienten Hunde als Sozialpartner, Spielkameraden der Kinder und Schoßhündchen adliger Damen.

Der vielfältige Nutzen der Hunde prägte auch ihr Äußeres. Selektiert wurde nach dem Gebrauchszweck, der immer auch mit einem bestimmten Körperbau einherging. Dabei ging es nicht um eine einheitliche Form, sondern um Leistungsfähigkeit und Wesensveranlagung.

- Hütehunde mussten schnell und wendig sein, ein gutes Auge haben, dabei aber keinen Jagdtrieb entwickeln. Herdenschutzhunde waren groß, furchtlos und verteidigungsbereit, um das Vieh gegen große Feinde zu verteidigen. Jagdhunde entsprachen der zu jagenden Wildart und dem zu bejagenden Gebiet und durften Beute nicht gegen den Menschen verteidigen.

- Bauern und Händler hatten große, kräftige Hunde, die Hab und Gut verteidigten und vor den Karren gespannt werden konnten, um landwirtschaftliche Erzeugnisse oder sonstige Handelswaren zu transportieren. Im Winter zogen diese Hunde Schlitten, mit denen Holz geholt wurde. Größere Zugtiere konnten sich die Menschen oft nicht leisten.

- In nordischen Ländern wurden mehrere Hunde vor Schlitten gespannt und so konnten in schneereichen Gebieten, wo es keine anderen Transportmöglichkeiten gab, alle möglichen Güter schneller befördert werden. Diese Hunde waren schnell und sehr ausdauernd und mussten teilweise sehr große Strecken überwinden.

So hat der jeweilige Verwendungszweck den Typ geprägt und zum Ziehen von Wagen wurden meist große, kräftige Hunde verwendet, die nicht zwingend bestimmten Rassen angehörten.

Die Geschichte der Wagenhunde könnte ein eigenes Buch füllen, würde man alle Überlieferungen und Bildmaterial zusammentragen. Die meisten Überlieferungen stammen aus dem 19. Jahrhundert. Anfang des 20. Jahrhunderts wurden die Hundewagen nach und nach von anderen Transportfahrzeugen verdrängt. Vereinzelt wurden in ländlichen Gebieten aber noch Hunde bis vor Kurzem vor den Karren gespannt, vor allem in der Schweiz, wo Hunde Milch zur Käserei fuhren.
Es stellte sich heraus, dass die Karrenhunde gegen Missbrauch geschützt werden mussten. Die Arbeitsbedingungen der arbeitenden Bevölkerung waren hart und entsprechende Anforderungen stellte sie auch an ihre Hunde, die zum Broter-

Berner Sennenhunde mit einem Milchwagen im Kanton Bern (Schweiz) im Jahr 2003.

werb ihrer Besitzer beitragen mussten. Verordnungen, hauptsächlich aus dem 19. Jahrhundert, schrieben vor, dass der Führer eines Gespannes eine Erlaubnis, ein Gespann zu führen, mit sich tragen musste, ebenso ein tierärztliches Zeugnis, das aussagte, dass der Hund für das Wagenziehen geeignet und gesund sei. Dieses Zeugnis musste alle zwei Jahre erneuert werden. Für den Hund waren immer Wasser zum Trinken und eine Decke zum Schutz gegen Kälte mitzuführen. Das Aufsitzen auf den Wagen war nicht erlaubt. Die Hundewagen durften nicht zur Beförderung von Personen verwendet werden. Bei schlechtem Wegezustand und bei Steigungen hatte der Führer dem Hund beim Ziehen zu helfen. Ebenso war geregelt, wie das Zuggeschirr beschaffen sein musste.
Das Verwenden zweirädriger Wagen war in manchen Regionen verboten. Zuwiderhandlungen wurden mit einer Geldstrafe bis hin zum Entzug der Erlaubnis, einen Hundewagen zu führen, belegt.
Beachtenswert sind die Anspannungen der damaligen Zeit, die darauf ausgerichtet sein mussten, die Kraft des Hundes am besten auszunutzen und seine Arbeitsfähigkeit möglichst lange zu erhalten, auch wenn die Armut und die Materialeinfalt einer idealen Anspannung oftmals Tribut zollen musste.

Mitte des 20. Jahrhunderts, als Hunde mehr und mehr arbeitslos wurden, weil natürliche Aufgaben weggefallen waren, wurden sie zum Familienmitglied, zum Freund, zum Begleiter und Spielkamerad. In den folgenden Jahrzehnten entwickelten sich die verschiedensten Hundesportarten, bis auch das Wagenziehen als sinnvolle Freizeitbeschäftigung für große, kräftige Hunde wiederentdeckt wurde. Schlittenhunderennen waren zu der Zeit schon etabliert, Lastenziehhunde sah man wenige. Vermutlich lehnen sich viele Anspannungen des Lastenziehhundes deshalb an die der Schlittenhunde an, weil das Bild des Zugtieres, das Karren oder Wagen zieht, uns in unserem Alltag kaum mehr begegnet.

Für die heutige Anspannung des Hundes am Wagen ist die Kenntnis darüber, wie hart arbeitende Hunde angespannt waren, eine wertvolle Stütze und man darf das Wissen früherer Generationen nicht aus den Augen verlieren. Was für den schwer ziehenden Hund kräfteschonend und komfortabel war, kann für unsere heutigen Hunde, die keine hohen Zuglasten mehr zu bewältigen haben, nur gut sein.

Wagenziehen – eine sinnvolle Beschäftigung

Hunde, die artgerecht gehalten werden, brauchen eine ihrer Anlagen entsprechende Beschäftigung. Die wenigsten Hunde haben heute noch einen Beruf als Jagdhund, Wach- und Schutzhund, Hütehund, Rettungshund, Therapiehund oder Ähnlichem.

Längst ist uns Menschen bewusst geworden, dass jeder Hund eine Beschäftigung braucht und es nicht ausreicht, ihn gut zu ernähren, medizinisch zu ver- und liebevoll zu umsorgen.

Gab es für private Hundehalter vor zig Jahren fast ausschließlich die Ausbildung zum Schutzhund mit Fährte, Unterordnung und Schutzdienst sowie zur reinen Fährtenarbeit, so kamen im Laufe der Jahre weitere Sportarten wie Turnierhundesport, Agility, Obedience, Dummytraining, Dogdancing, Mantrailing und vieles mehr hinzu. Ständig werden neue Sportarten entwickelt, um unsere Hunde artgerecht zu beschäftigen und auszulasten.

Doch nicht jeder Hund ist für solche Sportarten geeignet – sei es, weil es ihm an Beweglichkeit, Schnelligkeit und Eleganz mangelt, weil er sehr selbstständig ist und keinen großen Unterordnungswillen zeigt und dadurch mitunter als stur gilt oder ihm zum Apportieren oder Suchen die Motivation fehlt.

Die meisten Hundesportarten fordern von Mensch und Hund ein ganz bestimmtes erlerntes Verhalten, meist nach strengen Regeln einer Prüfungsordnung und

Bei der Obsternte lassen sich die vollen Säcke und Körbe auf diese Weise transportieren.

auch mit dem Ziel, sich ständig zu verbessern und mit anderen zu messen. Es gibt Wettkämpfe, bei denen Pokale zu gewinnen sind, es gibt Siege und Niederlagen.
Nicht jeder, der mit seinem Hund eine sinnvolle Beschäftigung sucht, die über die täglichen Spaziergänge hinausgeht, sucht gleichzeitig die Herausforderung im Hundesport, auch wenn sein Hund durchaus dafür geeignet wäre. Manch einer sucht eine Aufgabe für den Alltag, bei der der Hund eine Hilfe sein kann.

In kleine Landwirtschaften kann der Hund Futter und Wasser zu den Tieren bringen oder beim Weidezaunbau das Material transportieren.

Gehören Ihr Hund und Sie zu denen, die im Hundesport nicht das Richtige für sich gefunden haben? Oder betreiben Sie bereits mit Ihrem Hund eine dieser Sportarten und suchen noch einen Job für ihn, mit dem Sie ihn in Ihr tägliches Leben einbeziehen können? Dann probieren Sie aus, ob das

Auch beim Holzholen ist der Hund eine wunderbare Hilfe.

Für die Kinder ist es ein riesiges Vergnügen, wenn Sie auf dem Wagen sitzen dürfen.

Wagenziehen Ihnen und Ihrem Hund Freude macht.
Beim Wagenziehen wird der Hund mit einem Zuggeschirr und einer Zugvorrichtung vor einen vierrädrigen Wagen gespannt und er lernt, diesen zu ziehen und sich damit lenken und leiten zu lassen. Der Mensch geht dabei neben dem Hund her und sitzt nicht auf dem Wagen. Die Gangarten sind der Schritt und der Trab.
Menschen mit schnellen, lauffreudigen Hunden, meist Schlitten-, Jagd- oder Hütehunde, haben den Zughundesport für sich entdeckt. Das sind aus dem Schlittenhundesport entwickelte Sportarten wie das Ziehen von Saccocarts, Dogscootern und Trikes, sowie das Laufen beim Cani-Cross oder gar Skijöring. Der Hund zieht dabei mit einem speziellen Geschirr seinen Menschen auf einem Wagen, einem zwei- oder dreirädrigen Roller oder beim Joggen oder Skifahren.
Zunehmend sieht man auch schwerere Hunderassen, die vor solche Fahrzeuge gespannt werden. Eine Überforderung des Hundes ist hier sehr viel schneller gegeben als beim Wagenziehen, weil der Mensch auf dem Gefährt sitzt oder steht. Hier geht möglicherweise das Gefühl für Geschwindigkeit und Strecke einer Fahrt verloren.

Für Hunde, die körperlich nicht in der Lage sind, ausdauernd und schnell zu laufen oder keine Befriedigung darin finden, ist der Zughundesport nicht geeignet. Der Mensch sollte immer seine Bedürfnisse zum Wohle des Hundes hintenan stellen. Hat man einen schnellen, lauffreudigen Hund, kann dieser jedoch sehr wohl auch beim Wagenziehen eingesetzt werden. Voraussetzung dafür ist, dass der Hund zusätzliche Auslaufmöglichkeiten bekommt, die seinem Laufbedürfnis entsprechen.

Die Zahl der Menschen, die mit ihrem Hund Wagen ziehen, wächst, denn die Einsatzmöglichkeiten eines Hundegespannes sind vielfältig. Von Spaziergängen, über längere Wandertouren, Bewältigung von Hindernisparcours, Teilnahme an Festumzügen und Schauvorführungen bis hin zur Hilfe im Alltag ist alles denkbar. Finden Sie heraus, welche für Sie und Ihren Hund die richtige ist und die Ihnen beiden Freude bereitet.

Hunde, die gern einen Wagen ziehen, tun das mit Stolz und es scheint, als würden sie darin eine Sinnhaftigkeit erkennen – besonders wenn ihnen entsprechend der Lebensumstände ihrer Menschen verschiedene Aufgaben anvertraut werden.
Den Hund vor den Wagen spannen, um mit ihm Besorgungen machen, die man sonst mit dem Auto erledigen würde, tun ihm, seinem Menschen und der Umwelt gut.

Die meisten Menschen freuen sich, wenn sie einem Hundegespann begegnen. Der ungewohnte Anblick löst in der Regel wohlwollende Reaktionen aus: ein Lächeln, ein anerkennendes Wort, eine interessierte Frage. Oft entwickelt sich daraus ein Gespräch über Sinn und Zweck des Wagenziehens, über verantwortungsbewusste Hundehaltung, über harmonische Beziehung zwischen Mensch und Hund. Solche positiven Begegnungen verbessern das Image von Hunden und Hundehaltern und fördern die gesellschaftliche Akzeptanz von Hunden, insbesondere großer Rassen.

Leider begegnet man gelegentlich auch Menschen, die das Wagenziehen von Hunden negativ kommentieren. Manche meinen, man dürfe einem Hund solche „Arbeit“ nicht abverlangen. Beschäftigung für den und mit dem Hund müsse doch „Spaß“ machen. Doch eine Aufgabe zu haben, nützlich zu sein, zu arbeiten – und noch dazu im Team –, kann mehr Freude bereiten, kann aufregender und befriedigender sein, als nur „Spaß“ zu haben – für Hund und Mensch!

Die Wanderung in einer Gruppe ist ein schönes Erlebnis.

Mit schön geschmückten Wagen an Festumzügen teilzunehmen und bei Vorführungen einstudierte Choreografien zu zeigen, macht viel Spaß, erfordert Teamgeist und begeistert die Zuschauer.

Von einzelnen Zeitgenossen hört man gar den Vorwurf, Wagenziehen sei gleichbedeutend mit Tierquälerei. Seltsamerweise stören sich solche Leute jedoch nicht daran, wenn Hunde – gegen den Widerstand ihrer Menschen – derart an der Leine ziehen, dass sie kaum zu halten sind – und das auch noch an einem Halsband oder Geschirr, das auf keinen Fall für den Zug geeignet ist. Verletzungen des Kehlkopfes und der Halswirbel sind häufige Folgen. Zudem bringen diese Hunde wesentlich mehr Kraft auf als ein Hund, der ordnungsgemäß an einen Wagen angespannt ist, der auf Rädern hinter ihm herläuft.

Von solch negativen – und zumeist auf Unkenntnis beruhenden – Begegnungen darf man sich nicht verunsichern und schon gar nicht entmutigen lassen. Mit der richtigen Anspannung, einem fröhlich ziehenden Hund und einem freundlichen Hundeführer gelingt es vielleicht, auch die Kritiker davon zu überzeugen, dass das Wagenziehen für den Hund eine wunderschöne, sinnvolle, befriedigende und bereichernde Aufgabe ist.

Anforderungen an Hund und Mensch

Wagenziehen stellt an Hund und Mensch bestimmte Anforderungen, damit diese schöne Beschäftigung beiden Spaß macht, für die Gesundheit förderlich ist und die Bindung stärkt. Im Folgenden lesen Sie, welche Hunde besonders geeignet sind, welche Eigenschaften der Mensch idealerweise mitbringen sollte, was ein gut gehaltener Hund braucht und was an Gehorsam und Training notwendig ist.

Der Hund

Der Hund, der sich für das Wagenziehen besonders eignet, ist groß, kräftig gebaut, hat eine breite Brust und steht auf nicht zu hohen Läufen. Er ist von gelassener Wesensart und trotzdem bewegungsfreudig und lernbegierig. Früher wurden Hunde für einen bestimmten Verwendungszweck gezüchtet und dementsprechend war ihr Körperbau. Besonders zum Ziehen von Lasten wurden Doggen, Rottweiler, Neufundländer, Schweizer Sennenhunde und ähnliche kräftig gebaute Hunde verwendet, die nicht unbedingt einer bestimmten Rasse angehörten.

Obwohl viele Hunde heute kaum noch für einen Gebrauchszweck gezüchtet werden, sind die meisten ursprünglichen Eigenschaften der einzelnen Rassen erhalten geblieben und die entsprechenden Anlagen können weiter gefördert werden.

Dieser Labrador Retriever zieht ruhig und souverän seinen Wagen – so soll es sein.

Warum es gerade die Sennenhunde – und hier im Besonderen die Berner und Großen Schweizer – sind, die man häufig beim Wagenziehen antrifft, liegt wohl daran, dass bis heute Schweizer Bauern ihre Hunde noch für die Arbeit einsetzten. Diese Tradition wurde in der Schweiz bewahrt und man findet dort, in ganz Europa und sogar in den USA Vereine und Gruppen, die sich dem Wagenziehen annehmen – bedauerlicherweise aber oft in Anspannungen, die denen der Schlittenhunde angelehnt sind und nicht mehr in traditionellen, hundeschonenden Arbeitsanspannungen.
Große, starke Hunde können häufig in Hundesportarten, bei denen es um Geschwindigkeit, Sprungkraft, Apportierfreudigkeit, Eleganz, Ausdauer oder besonderen Unterordnungswillen geht, aufgrund ihrer Körpermaße oder ihrer Selbstständigkeit nicht mithalten und gelten mitunter als schwerfällig und auch starrköpfig. Dies sind zwar oft Vorurteile, die jedoch schwer zu entkräften sind.
Beim Wagenziehen können diese Hunde ihre Kraft und ihre Eigenständigkeit einsetzen. Eigenständigkeit bedeutet in diesem Fall nicht unbedingt fehlende Führigkeit und mangelnder Gehorsam, sondern eher, dass der Hund eine gestellte Aufgabe selbstständig erledigen kann.
Das Wagenziehen allein nur auf die oben genannten Hunde zu beschränken, wäre schade, denn auch andere Rassetypen können heute Wagen ziehen, da nicht mehr der Gebrauchszweck, schwere Lasten über längere Strecken fortzubewegen, im Vordergrund steht. Die heutige Verwendung des Hundes, der Wagen zieht, dient der artgerechten Beschäftigung, fördert die Führigkeit und Geschicklichkeit und stärkt das gegenseitige Vertrauen und die Bindung zwischen Mensch und Hund. Es gibt immer mehr Freunde des Wagenziehens, die mit ihren Hunden Parcours laufen, bei denen Teamgeist, Gehorsam und Beweglichkeit gefordert sind. Kraft und Ausdauer sind nicht mehr entscheidend, weil die Anforderungen an die Leistungsfähigkeit des Hundes angepasst werden.
Wichtig ist, dass Geschirr, Zugvorrichtung und Wagen an die Größe und Stärke des Hundes angepasst werden. In manchen Zughundeverordnungen ist vorgeschrieben, dass Hunde, die vor den Wagen gespannt werden, eine Schulterhöhe

von mindestens 50 cm haben müssen. Dies ist vermutlich noch ein Relikt aus früheren Zeiten, als die Hunde wirklich noch arbeiten mussten.

Herdenschutzhunde eignen sich gut zum Wagenziehen. Sie haben meist eine große Gelassenheit, sind jedoch mitunter eigenwillig.

Die Unterteilung der Rassen in Hunde, die sich für das Wagenziehen eignen und die, die sich nicht eignen, ist also generell nicht sinnvoll. Die Eignung ist zum großen Teil vom einzelnen Hund abhängig, und zwar sowohl von seinem Körperbau und seinem Temperament als auch von seinem Wesen.
Sind ruhige, besonnene Hunde, die keinen Jagdtrieb und großes Vertrauen in ihre Umwelt haben, besonders für das Wagenziehen geeignet, so hat sich aber auch gezeigt, dass sehr temperamentvolle, unruhige Hunde am Wagen ruhig und gelassen werden. Ängstliche, unsichere Hunde finden am Wagen oft Halt und Selbstvertrauen. Es scheint, als hätte das Wagenziehen eine therapeutische Wirkung.

Auch ein Entlebucher Sennenhund kann mit der passenden Zugvorrichtung einen Wagen ziehen.

Auch ein temperamentvoller Hund wie dieser English Springer Spaniel ist geeignet.

Beim Wagenziehen gibt es Naturtalente, die vor den Wagen gespannt werden und loslegen, andere müssen behutsam herangeführt werden. Lassen Sie sich von ersten Misserfolgen nicht entmutigen. Manch ein Hund braucht Wochen, um sich an das Geschirr, die Schere und den Wagen zu gewöhnen und Vertrauen dazu zu fassen. Vertrauen zu seinem Menschen und ein guter Gehorsam sind die besten Voraussetzungen, damit das Wagenziehen gelingt.

Dieser Australian Shepherd ist das erste Mal am Wagen.

WICHTIG

Bevor Sie Ihren Hund anspannen, lassen Sie ihn tierärztlich untersuchen. Sind seine Gelenke und Organe gesund, steht dem Wagenziehen nichts im Wege. Einem Hund das Wagenziehen zu lehren, in Wagen und Geschirr zu investieren, um dann festzustellen, dass diese Beschäftigungsart nicht für ihn geeignet ist oder ihm gar schaden würde, wäre bedauerlich.

Spannen Sie nur einen gesunden Hund vor den Wagen. Trächtige und säugende Hündinnen dürfen zu deren Schutz nicht angespannt werden.
Ist Ihr Hund gesund und Sie denken, er ist für das Wagenziehen geeignet, dann suchen Sie sich fachkundige Menschen, die Einfühlungsvermögen haben und Sie und Ihren Hund anleiten.

Der Mensch

Sie haben einen Hund, der sich sowohl körperlich als auch vom Wesen her für das Wagenziehen eignet, und Ihnen liegt viel daran, dass Ihr Hund eine Aufgabe hat, die ihn fordert und zufrieden macht. Eine Aufgabe, die Sie nur in gegenseitigem Vertrauen und in der Zusammenarbeit – Mensch führt, Hund folgt – bewältigen können.

Auch ein Akita Inu lässt sich gern vor den Wagen spannen.

Ein gutes Team.

Eine Aufgabe, welche die Bindung zwischen Ihnen stärkt, weil sich der eine auf den anderen verlassen muss. Sie sich auf ihn, weil er den notwendigen Gehorsam und die Führigkeit braucht, um sich in allen Situation lenken und leiten zu lassen. Er sich auf Sie, weil er von Ihnen erwarten kann, dass Sie geduldig, vorausschauend und umsichtig mit ihm umgehen.

Geduldig, weil Sie einem Hund nur mit Ruhe und Geduld das Wagenziehen lehren können und nur so Vertrauen entsteht. Hektik, Ungeduld oder Zwang haben da, wie übrigens überall im Umgang mit Hunden, nichts zu suchen.

Vorausschauend, weil Sie beim Wagenziehen immer schon erkennen sollten, was als Nächstes passiert. Mit einem Gespann sind Sie nicht so flexibel wie mit einem Hund ohne Wagen. Sie müssen ständig einberechnen, dass der Wagen noch hinter dem Hund kommt. Da kann der Wagen schnell mal hängen bleiben oder der Hund muss zu abrupt abbremsen, nur weil Sie nicht aufgepasst haben.

Umsichtig, weil Sie die Anspannung immer wieder neu überprüfen müssen. Passt das Geschirr noch und ist es richtig eingestellt? Sind die Zugstränge in der richtigen Länge? Ist Luft in den Reifen und sind alle Schrauben am Wagen fest angezogen?

Aber auch: Ist mein Hund in guter körperlichen Verfassung? Stimmen die Außentemperaturen? Bin ich in einer gelassenen Stimmung?

Wenn Sie zu alledem noch ein wenig sportlich sind, dann freut das Ihren Hund. Denn gern ziehen Hunde im flotten Trab, was für den Menschen schnell zu einer Joggingtour wird.
An Ihnen liegt es, mit welchem Geschirr und welcher Zugvorrichtung Ihr Hund angespannt wird und welchen Wagen er zieht. Die Ausrüstung ist mit entscheidend, ob Ihr Hund Spaß am Wagenziehen bekommt oder womöglich Angst. Neben der Freude an der Arbeit und am Ziehen selbst ist es wichtig, dass das Zusammenspiel dieser Drei optimal auf die Beweglichkeit und die Kraftausnutzung Ihres Hundes ausgelegt ist und ihm hohen Komfort bietet.
So wie sich Sportler in anderen Sportarten bemühen, das beste Material auszuwählen, so sollten Sie dasselbe für Ihren Hund tun. Beim Wandern achten wir darauf, dass wir gutes Schuhwerk haben, der Rucksack nirgends drückt und die Jacke atmungsaktiv und wasserdicht ist. Die Ausrüstung Ihres Hundes sollten Sie ebenso sorgfältig auswählen.
Doch zu wissen, was gut und richtig für Ihren Hund ist, ist gar nicht so einfach. War es früher, zumindest auf dem Land, ein tägliches Bild, Ziegen-, Ochsen-, Pferde- und manchmal auch noch Hundegespanne zu sehen, so treffen wir diese heute eher selten. Dadurch geht das natürliche Gefühl verloren, was richtig und falsch ist, und wir lassen uns oft von einer schönen Optik täuschen. Manches Wissen müssen wir uns erst wieder aneignen.

Ruhe und Geduld beim Anspannen erzeugen Vertrauen beim Hund.

Um zu verstehen, wie sich die Anspannung auf den Hund auswirkt, setzen Sie sich mit den verschiedenen Möglichkeiten und mit dem Körperbau und der Fortbewegung des Hundes auseinander. Etwas zu tun, weil es alle tun, reicht nicht aus und allein der gute Wille kann schnell zum Schaden für den Hund werden. Ich möchte Sie mit diesem Buch zum Nachdenken anregen.
Ihr Wissen um richtige Anspannung sowie Ihre Ruhe und Sicherheit übertragen sich auf Ihren Hund und er wird sich vertrauensvoll anspannen lassen.
Hunde erdulden sehr viel und ihnen ist nicht so schnell anzumerken, ob sie sich unwohl fühlen. Die Freude, mit uns zusammen etwas zu unternehmen, ist oft so groß, dass sie Unannehmlichkeiten wie etwa ein unpassendes Geschirr, hemmende Zugvorrichtung, zu schwere Last oder warmes Wetter in Kauf nehmen. Erkennen Sie solche Beeinträchtigungen und vermeiden Sie sie.
Der ideale Mensch für das Wagenziehen hat vor allen Dingen das Wohl seines Hundes im Auge und ist deshalb auch bereit, Gewohntes zu hinterfragen und Neues hinzuzulernen.

Die Haltungsbedingungen

Heute ist es glücklicherweise selbstverständlich, dass unsere Hunde mit uns in Haus und Garten und mit der Familie zusammen leben. Sie nehmen am Alltag teil, sind bei Freizeitunternehmungen und im Urlaub meist dabei. Dadurch lernen sie von Klein auf ihre Umwelt kennen und werden liebevoll und konsequent erzogen, damit sie angenehme Begleiter sind.
Zu Recht verurteilen wir Zwinger- oder gar Kettenhaltung, wie sie früher weit verbreitet war. Und doch haben die wenigsten von uns das Glück, den ganzen Tag mit ihrem Hund zusammen sein zu dürfen und mit ihm den Alltag zu gestalten. Bedingt durch unsere Lebensumstände, die erfordern, dass wir unseren Lebensunterhalt meist außerhalb unserer eigenen vier Wände verdienen müssen, sind viele Hunde mehrere Stunden am Tage allein. Sie haben es zu Hause warm und gemütlich, aber sie haben dabei keine Aufgabe zu erfüllen, denn in den meisten Wohnsituationen ist es nicht einmal mehr erwünscht, dass der Hund seine Wächterfunktion erfüllt und bellt.
Hunde sind nicht gern allein, aber sie sind sehr anpassungsfähig und verschlafen viele Stunden des Tages. Wenn Sie Ihrem Hund in den Stunden, in denen Sie Zeit für ihn haben, eine sinnvolle Beschäftigung, die über die täglichen Spaziergänge hinaus geht, bieten, ist das für ihn ein schöner Ausgleich für die Zeit, die er auf Sie gewartet hat. Damit ist er körperlich und geistig gefordert und dadurch ausgeglichen und zufrieden.
Die Haltung von mehreren Hunden ersetzt nicht die artgerechte Beschäftigung jedes einzelnen entsprechend seiner Veranlagung. Es ist nicht einmal garantiert, dass ihnen die Trennung von ihrem Menschen leichter fällt, wenn sie einen vierbeinigen Partner haben.

Vertrauensvoller Familienhund.

Zu einer guten Hundehaltung gehört neben guter Unterbringung, ausreichender Bewegung und artgerechter Beschäftigung auch eine ausgewogene Ernährung, damit der Hund gesund und leistungsfähig bleibt und dabei weder zu dick noch zu dünn wird.

Regelmäßig Tierarztbesuche, die Durchführung notwendiger Impfungen und eine Vorsorge gegen Endo- und Ektoparasiten (Wurmkur, Zecken- und Flohprophylaxe) gehören ebenfalls zu einer verantwortungsvollen Hundehaltung.

Ein so gehaltener Hund, der an unserem Alltag teilhaben darf, der regelmäßig bewegt, sinnvoll beschäftigt, gut erzogen, artgerecht ernährt und tierärztlich überwacht wird, hat die besten Voraussetzungen für ein gesundes, langes und glückliches Hundeleben.

Vorbereitungen für das Wagenziehen

Beim Wagenziehen geht es vorrangig nicht um Kraft, Geschwindigkeit und Ausdauer, sondern um Führigkeit und Geschicklichkeit sowie Vertrauen und Verlässlichkeit. Der Hund muss seinem Menschen in allen Situationen vertrauen, sich leiten lassen und sich anpassen. Ebenso muss sich der Mensch auf seinen Hund unter allen Umständen verlassen und seine Reaktionen abschätzen können.

Die Grunderziehung

Damit dies alles gegeben ist, benötigt der Hund, der Wagen zieht, einen guten, sicheren Grundgehorsam. Das gilt zwar eigentlich für jeden Hund, aber mehr noch für den Hund am Wagen, weil er mit diesem eher zu einer Gefahr für sich selbst und andere werden kann.
Läuft ein Hund mit Wagen unkontrolliert los, kann er sich verletzen, wenn der Wagen kippt oder irgendwo hängen bleibt. Bei solchen Unglücken können auch Menschen oder Sachen zu Schaden kommen. Gern fahren Kinder in Hundewagen mit. Die gilt es ganz besonders zu schützen. Schrammt ein Hund an parkenden Autos vorbei, weil er nicht in der Lage ist, seinen Wagen abzuschätzen, wird das schnell teuer. Lässt der Hund sich von seinem Menschen gut leiten und führen, und ist dieser umsichtig, kann man mit ihm entspannt überall unterwegs sein.

Übungen mit ungewohntem Untergrund sind sinnvoll.

Stangenberührungen stören diesen Hund nicht.

Neben gutem Gehorsam braucht Ihr Hund auch Vertrauen in seine Umwelt. Ohne Wagen kann man mit dem Hund vielen Situationen ausweichen. Mit Wagen ist das nicht immer möglich. Bewegt sich der Hund sicher auf allen Bodenbeschaffenheiten, geht über Gullideckel, Gitterroste und Holzbrücken, sind der Einsatzmöglichkeit des Gespannes kaum Grenzen gesetzt. Lässt sich der Hund von lauten Geräuschen, Autos, Lastwagen, Traktoren, schreienden Kindern und vielem mehr nicht beunruhigen, dann kann er sicher am Wagen gehen, ohne Meide- oder Fluchtverhalten zu zeigen. Optische Reize wie Flatterbänder, fliegende Plastiktüten, wirbelndes Laub und unbekannte Gegenstände, die auf vertrautem Weg plötzlich da stehen, sollten den Hund weder ängstigen noch Jagdverhalten in ihm hervorrufen

Kennt Ihr Hund andere Tiere – Hunde, Katzen, Hühner, Schafe, Kühe, Wild usw. – und verhält sich ihnen gegenüber neutral, besteht weniger die Gefahr, dass er sich ihnen unkontrolliert nähert oder ihnen gar nachjagt. Dasselbe gilt auch für Radfahrer, Jogger oder Inline-Skater. Und natürlich sollte der Hund keinerlei Aggressionen gegen Menschen haben.

Lässt sich der Hund am ganzen Körper anfassen und duldet, dass man ihm mit Gegenständen über das Fell streicht, erleichtert dies das spätere Anspannen, wenn die Zugvorrichtung ihn berührt.

Bringt ein Hund alle idealen Voraussetzungen nicht mit, ist das jedoch kein Grund, nicht mit ihm Wagen zu ziehen. Auch ein Hund, der nicht so umweltsicher ist, kann mit Vertrauen zu seinem Menschen, mit einem guten Gehorsam und mit geduldigem Üben noch lernen, mit vielen Situationen des täglichen Lebens

Schon lange vor dem ersten Anspannen kann man den jungen Hund an den Wagen gewöhnen.

besser umzugehen. In Situationen, in denen der Hund unsicher ist, muss man ihn eben besonders schützen und sichern.

Hat der Hund einen ausgeprägten Jagdinstinkt und möchte allem nachjagen, was vor ihm wegrennt, muss er unbedingt immer an der Leine gesichert werden, wenn er am Wagen angespannt ist. Nicht auszudenken, was passieren kann, wenn ein Hund samt Wagen davonstürmt. Dasselbe gilt, wenn der Hund aus anderen Gründen – vielleicht aus Angst vor lauten Geräuschen – plötzlich unberechenbar reagieren könnte.

Denken Sie daran, dass ein Hund mit Wagen besonders auffällig ist und viele Menschen von diesem Bild begeistert sind. So kann es passieren, dass plötzlich Fremde auf Ihren Hund zustürmen und ihn streicheln wollen. Dies sollten er und Sie mit Gelassenheit hinnehmen. Lässt sich Ihr Hund nicht gern von Fremden anfassen, dann weisen Sie Ihre Mitmenschen freundlich, aber bestimmt darauf hin. Ihr Hund sollte im Wagen niemals bedrängt werden, denn er kann nicht ausweichen und ist sich dieser Einschränkungen bewusst. Hier ist es Ihre Aufgabe, ihn zu schützen.

Bei Begegnungen mit anderen Hunden ist insbesondere Achtsamkeit geraten. Ein Hund im Wagen kann nicht die Körpersignale aussenden, die er ohne Wagen aussenden würde, und er weiß, dass er auf eventuelle Angriffe nicht so gut reagieren kann. Deshalb kann es sein, dass Ihr Hund bei solchen Begegnungen anders reagiert, als Sie es sonst von ihm gewohnt sind.

Es gibt auch Menschen, die respektieren einen angespannten Hund nicht als Hund und lassen den ihren ohne jede Rücksicht zu dem angespannten. Falls Sie wissen, dass Ihr Hund solche Hundebegegnungen nicht schätzt – aus welchen Gründen auch immer –, schützen Sie ihn davor und bitten Sie den anderen Hundeführer, mit seinem Hund auf Abstand zu bleiben.

Erfahrungsgemäß zeigt ein am Wagen angespannter Hund unerwünschte Verhaltensweisen wie Unsicherheit oder Aggressivität weniger als ohne Wagen. Vermutlich ist es die Aufgabe, die den Hund stärkt und ihm Sicherheit gibt, sofern er von seinem Menschen unterstützt wird. Insofern hat das Wagenziehen auch einen nicht zu unterschätzenden erzieherischen Wert.

Für Hundebegegnungen mit gelassenen Hunden ist dieser Abstand ausreichend. Manche Hunde benötigen aber mehr Distanz.

Gehorsam am Wagen

Signale, die der Hund am Wagen beherrschen muss, müssen Sie ihn lehren, bevor er angespannt wird. Signale sind Hör- oder Sichtzeichen, auf die der Hund ein bestimmtes Verhalten zeigen soll. Man spricht häufig auch von Kommando oder Befehl. Diese militärischen Begriffe missfallen mir aber im Umgang mit Hunden.

Beachten Sie, dass der Hund durch die veränderte Situation, am Wagen angespannt zu sein, diese Signale nicht so zuverlässig umsetzt, wie Sie es sonst von ihm kennen. Er kann im Wagen Bewegungen nicht so ausführen, wie er es gewohnt ist, und ist möglicherweise dadurch irritiert. Mit Geduld wird er lernen, das Gelernte am Wagen zu bewerkstelligen.

Einen fehlenden Gehorsam durch Anspannungen, welche die Bewegungsfreiheit des Hundes einschränken, ausgleichen zu wollen, ist abzulehnen. Ein Hund muss sich immer so frei wie möglich am Wagen bewegen und von seinem Menschen gut geführt werden können.

Das Signal für Ziehen wie zum Beispiel „Zieh" oder „Vorwärts" lernt der Hund am Wagen. Richtungsänderungen wie „Links" und „Rechts" können Sie bereits bei Spaziergängen einfließen lassen und üben.

Leinenführigkeit und freie Folge

Der am Wagen angespannte Hund sollte an lockerer Leine laufen. Den Hund mit einem für ihn komfortablen Zuggeschirr auszustatten und ihn dann mit dem Halsband an der Leine, womöglich noch gegen Ihren massiven Widerstand, ziehen zu lassen, macht keinen Sinn.

Leinenführigkeit ist wichtig.

Lassen Sie sich nicht einreden, ein guter Zughund würde nun mal eben ziehen und sei nicht leinenführig. Geht der Hund im Alltag ordentlich an der Leine, wird er es auch am Wagen tun. Hunde sind intelligent genug, den Zug an der Leine von dem Zug am Geschirr zu unterscheiden. Auch ein Hund vor dem Wagen und im Geschirr darf nicht ziehen, wenn er das möchte, sondern nur auf unsere Aufforderung hin. Er muss sich in der Geschwindigkeit an uns anpassen und sich lenken lassen. Verwenden Sie Stimme und Körpersprache, um den Hund zu lenken – nicht die Leine. Die Leine ist einzig und allein dazu da, um den Hund abzusichern.

Erst wenn Ihr Hund Ihnen in allen Situationen an lockerer Leine folgt, können Sie ihn unangeleint führen. Und das auch nur dann, wenn er sich nicht von plötzlich auftretenden Umweltreizen so ablenken lässt, dass er zu einer Gefahr für sich und andere werden könnte.

So soll es nicht sein!

Gehen an der rechten Seite

Zum Schutz des Hundes bringen wir uns beim Wagenziehen zwischen Hund und Verkehr. Deshalb muss der Hund lernen, auch an der rechten Seite seines Menschen zu gehen. Früher wurde der Hund ausschließlich links geführt. Jäger hatten ihre Waffe rechts getragen und der Hund lief links. Auch im Straßenverkehr war es üblich, den Hund links zu führen, weil der Mensch an Straßen ohne Gehweg auf der linken Straßenseite lief und so der Hund an der vom Verkehr abgewandten Seite war. In Hundesportprüfungen ist heute noch vorgeschrieben, den Hund auf der linken Seite zu führen.
Im Alltag macht es jedoch Sinn, den Hund auf beiden Seiten führen zu können, sei es, um den Hund an Straßen mit Gehweg auch rechts führen zu können, um ihn vom Verkehr fernzuhalten oder bei Begegnungen mit Menschen und Hunden auf die abgewandte Seite nehmen zu können.
Haben Sie einen Hund, der freudig neben Ihnen herläuft und zu Ihnen hochschaut, ist es für ihn sehr viel gesünder, dies links und rechts zu tun, damit sich seine Muskulatur auf beiden Seiten gleich ausbildet und die Wirbelsäule in beide Richtungen gebogen wird. Am Wagen muss der Hund rechts gehen, weil Sie mit ihm auf der Straße an der rechten Fahrbahnseite laufen. Sie erleichtern ihm dies, wenn er es bereits ohne Wagen kennt.

Stehen am Wagen

Zum Anspannen ist es sinnvoll, den Hund stehen zu lassen. Nur so können Sie beurteilen, ob das Geschirr richtig sitzt und die Zugstränge in der richtigen Länge sind. Um das Hintergeschirr anzubringen, muss der Hund ebenfalls stehen, damit es gut eingestellt werden kann. Ein Hund der während des Anspannens herumzappelt oder sich immer wieder hinsetzt, kann nicht ordentlich angeschirrt werden.

Im Stehen lässt sich beurteilen, ob das Geschirr richtig eingestellt ist.

Rückwärtsgehen

Später am Wagen ist es nützlich, wenn der Hund vorher gelernt hat, rückwärts zu gehen. Es kann passieren, dass man sich mit dem Wagen in eine Situation bringt, aus der man nur wieder herauskommt, wenn der Wagen zurücksetzt.

Hat der Hund das Rückwärtsgehen ohne Wagen gelernt, kann ihn diese Übung am Wagen irritieren, weil er mit dem Hintergeschirr den Wagen nach hinten stemmen muss. Unterstützen Sie ihn dabei. Lassen Sie nie einen Hund, der kein Hintergeschirr trägt, einen Wagen nach hinten schieben. Die Schere schiebt die Trageriemen dabei in den Nacken und der Hund muss die ganze Kraft dort aufbringen.

Umgehen von Hindernissen

Ein Hund kann lernen, am Wagen weitgehend selbstständig Hindernisse zu umgehen. Dazu muss er sich zu Beginn auch auf Distanz lenken lassen. Dies sollte vorher geübt werden.

An Hindernissen, die er ohne Wagen gut passieren kann, bleibt er mit dem Wagen möglicherweise hängen. Dabei bekommt er einen Ruck am Geschirr und er kann sich so erschrecken, dass er diese und ähnliche Situationen künftig meiden möchte. Das Einschätzen solcher Hindernisse ist für den Hund sehr schwierig und bedarf vieler Übung.

Der Hund sollte Freude am Wagenziehen haben und aufmerksam sein.

Schicken und warten

Ebenso kann ein Hund lernen, sich von Ihnen wegschicken zu lassen, um zum Beispiel selbstständig durch ein Tor zu gehen. Auch das erfordert viel Übung.
Wenn Sie mit Ihrem Hund an Wettbewerben und Prüfungen teilnehmen möchten oder Freude an der Ausbildung Ihres Hundes haben, können Sie ihn über den Alltagsgehorsam hinaus am Wagen ausbilden und fördern.
Neben all den Signalen, die der Hund am Wagen beherrschen muss, dürfen Sie nicht vergessen, die Zugfreude in ihm zu wecken. Sie ziehen mit Ihrem Hund Wagen, weil Sie eine sinnvolle Beschäftigung mit ihm gesucht haben, die Ihnen beiden Freude macht. Nur ein fröhlicher, munter ziehender Hund ist ein glücklicher Hund.
Ein Wagen ziehender Hund ist ein Blickfang. Mit einem gut erzogenen und ausgebildeten Hund, der gern seinen Wagen zieht, können Sie zu einem positiven Bild des Hundes in der Gesellschaft beitragen.

Das körperliche Aufbautraining

Jeder Hund, dem körperliche Leistung abverlangt wird, muss dafür trainiert werden, damit Herz, Kreislauf, Lungen und Muskulatur belastbar werden, so auch der Hund, der einen Wagen zieht.
Anzuraten ist eine tierärztliche Untersuchung, um mögliche Beeinträchtigungen bereits im Vorfeld festzustellen und dem Hund keine Anstrengungen zuzumuten, denen er nicht gewachsen ist.

Eine Ausfahrt mit dem Tretroller – nicht zu verwechseln mit dem Dogscooter, der von den Hunden gezogen wird.

Schwimmen in sicheren Gewässern macht Spaß, ist gut für den Kreislauf, baut schonend Muskulatur auf und kühlt ab.

Das tägliche Training besteht aus ausgiebigen Spaziergängen, bei denen der Hund über längere Zeit im Schritt und im Trab viel Bewegungsmöglichkeit hat. Hetzen nach Wurfspielzeugen oder das Toben mit anderen Hunden ersetzt das nicht, weil hier die Bewegungsabläufe andere sind, als beim Hund, der einen Wagen zieht.

Bei kühlem Wetter können Sie gern joggen oder mit dem Fahrrad oder Tretroller losgehen. Die Schrittgeschwindigkeit des Menschen reicht meist nicht aus, um sich der Trabgeschwindigkeit des Hundes anzupassen. Benutzen Sie das Fahrrad oder den Tretroller, achten Sie darauf, dass Sie den Hund nicht überfordern und er im Schritt oder Trab bleiben kann. Haben Sie mehrere Hunde, achten Sie unbedingt darauf, dass sich die Geschwindigkeit und die Länge der Tour nach dem schwächsten richten.

Hunde neben einem motorisierten Fahrzeug herlaufen zu lassen, ist nach der Straßenverkehrsordnung verboten und auch aus anderen Gründen strikt abzulehnen. Schnell kann hier ein Hund stark überfordert werden und es bringt kein gemeinsames Erleben von Mensch und Hund. Wagenziehen soll jedoch zu einer schönen Freizeitbeschäftigung für beide werden und dazu benötigt auch der Mensch ein körperliches Training.

Für Hunde, die gern schwimmen, ist dies ein vorzügliches Training, gerade an heißen Sommertagen, wenn es für andere Trainingsarten zu warm ist. Nicht jeder

Hund schwimmt von Anfang an gern. Doch es lohnt sich, daran zu arbeiten und – einmal die Scheu überwunden – werden viele zu begeisterten Schwimmern.
Wanderungen über mehrere Stunden sind ebenfalls ein gutes Training. Beim Wandern kann der Hund Packtaschen tragen. Ein Hund, der dies schon gewohnt ist, tut sich bei der Gewöhnung an den Wagen leichter mit dem Gewicht der Schere und deren Bewegungen. Die Packtaschen dürfen aber nicht zu schwer beladen und beide Seiten müssen ausbalanciert sein.
Zieht ein trainierter Hund den Wagen, müssen Sie beachten, dass dies für den Hund eine größere Belastung ist als ohne Wagen, besonders wenn Sie auf Gras-, Wald- oder Sandwegen unterwegs sind und viel bergauf und bergab fahren. Der Hund muss sich in das Geschirr stemmen, wobei wieder andere Muskeln aufgebaut werden als ohne Wagen. Deshalb müssen Sie zu Beginn die Ausfahrten mit dem Wagen kürzer halten als Ihre Trainingseinheiten ohne ihn und auch hier die Distanzen nach und nach erhöhen.
Jede Ausfahrt beginnen Sie im Schritttempo, um die Muskulatur langsam zu erwärmen. Viele Hunde ziehen so begeistert Wagen, dass sie sofort losstürmen würden. Das müssen Sie unbedingt verhindern.
Bauen Sie die Kondition Ihres Hundes langsam auf, damit er lange und gesund mit Freude seinen Wagen ziehen kann.

Nicht immer ist ein Brunnen zur Stelle, wenn der Hund Durst hat. In den Packtaschen kann man einen Wasservorrat mitnehmen.

Die richtige Anspannung

In diesem Buch befasse ich mich mit dem „schweren Zug“ oder „Lastenzug“. Damit ist nicht zu verstehen, dass unsere Hunde mit dem Hundewagen schwere Lasten ziehen. Gemeint ist hierbei das Ziehen von – idealerweise – vierrädrigen Wagen im Schritt oder Trab. Selbst für leichtere Wagen muss der Hund bei entsprechender Bodenbeschaffenheit und bergauf eine hohe Zugkraft aufbringen.

SCHON GEWUSST?

Der Begriff Lastenzug dient nur der Unterscheidung zum schnellen Zug mit Schlitten, Dogscootern, Saccocarts und Ähnlichem. Erklärungen zu den Fachbegriffen rund um das Wagenziehen finden Sie am Ende dieses Buches.

Gezogen wird der Wagen vom Geschirr des Hundes und den Zugsträngen. Der Hund selbst zieht nicht, sondern drückt und stemmt sich mit der Brust oder der Schulter gegen das Geschirr. Vermutlich aus diesem Grund kann ich mich mit der Bezeichnung „Zughund“ nicht anfreunden.

Die richtige Anspannung ist wichtig.

Die verschiedenen Möglichkeiten

Als ich mit dem Wagenziehen begonnen habe, waren die meisten Hunde, die ich gesehen habe, mit Brustblatt- oder Pulmetgeschirr (eine Kombination von Pulka- und Kummetgeschirr) angespannt. Das Brustblattgeschirr war mir von den Pferden her vertraut. Das Pulmetgeschirr gab für mich bei der Anspannung im Lastenzug kein stimmiges Bild, auch wenn ich damals noch nicht begründen konnte, weshalb.

Später wurde mir klar, warum ich es so empfand: Das Pulmetgeschirr bringt beim Ziehen baubedingt Druck auf das Brustbein. Der Hund zieht jedoch am besten mit der ganzen Brust oder der Schulter.

Geschirre aus dem Schlittenhundesport in sogenannten Pulka-Anspannungen werden ebenfalls im Lastenzug verwendet. Die Wirkung auf den Hund ist ähnlich der des Pulmetgeschirrs. Nur wird dabei mit starren Zugstangen und nicht mit Zugsträngen gezogen.

Mein erstes Geschirr, das ich eingesetzt habe, war ein Brustblattgeschirr aus Gurtmaterial – zum einen aus Kostengründen, zum anderen, weil es nicht einfach ist, einen Sattler zu finden, der ein gutes Hundegeschirr aus Leder nähen kann und möchte und das noch zu einem erschwinglichen Preis.

Das Brustblattgeschirr aus Gurtmaterial war umständlich und für Anfänger schwierig anzulegen. Der Trageriemen für die Schere war nicht mit dem Geschirr verbunden. Wenn der Hund den Wagen bremsen oder anhalten wollte, schob die Schere den Trageriemen im schlimmsten Fall über den Kopf, wenn der Bauchgurt nicht vorher an den Vorderbeinen hängen blieb. Ein Hintergeschirr war nicht vorgesehen und beim Hersteller auch auf Anfrage nicht erhältlich.

Bald genügte dieses Geschirr meinen Ansprüchen nicht mehr und ich kaufte in der Schweiz ein schön gearbeitetes, ledernes Brustblattgeschirr. Es war von guter Qualität und, laut Aussage des Verkäufers, passt es fast allen großen Hunden. Dass das nicht so ist, habe ich erst viel später lernen müssen.

Zu diesem Zeitpunkt fuhr ich noch mit langen Scheren, die über die Vorbrust des Hundes hinausragten. Die Trageschlaufen für die Aufnahme der Schere waren am Nackenriemen des Brustblattgeschirrs angebracht. Das bedeutete, dass das Gewicht der Schere auf dem Nacken lag.

Nach dem Wechsel auf die kurze Schere, habe ich die Trageschlaufen am Rückentrageriemen befestigt, sodass das Gewicht hinter dem Widerrist lag. Das ist die tragfähigste Stelle am Hunderücken und dort wird die bewegliche Halswirbelsäule nicht beeinträchtigt.

Zufriedengestellt hat mich die Anspannung meiner Hunde aber immer noch nicht, weil ich den Eindruck hatte, dass sie sich nicht frei genug bewegen konnten.

Ich habe mir viele Anspannungen von Pferden angeschaut. Ob mit Brustblatt oder Kumt angespannt, sind die Scheren nach hinten hin aufgeweitet und immer am Selett (Rückentragegurt) befestigt, wo sie auch enden. Die Kumtanspannung machte für mich immer schon den Eindruck, als wäre sie die komfortabelste und kräfteschonendste für Pferde, die eine Last ziehen müssen. Natürlich würde nie-

Ein Brustblattgeschirr aus Gurtmaterial mit separatem Trageriemen.

Ein schönes Schweizer Brustblattgeschirr aus Leder.

mand einem Traber auf der Rennbahn, der in schnellem Trab einen Sulky zieht, ein schweres Kumtgeschirr auflegen, aber auch niemand würde ein Pferd oder Pony, das einen vierrädrigen Wagen zieht, mit einem leichten Renngeschirr eines Trabers anspannen.

Eine unserer ersten Fahrten mit geliehenen Wagen und Geschirr: Der Wagen lässt kaum einen Einschlag zu, die Räder sind schwer und schwergängig, die Schere ragt über die Brust hinaus und ist an den Trageschlaufen des Nackengurtes befestigt.

Eines Tages habe ich das Foto von zwei Berner Sennenhündinnen gesehen, die mit ganz außergewöhnlichen Geschirren angespannt waren, nämlich Kragengeschirren. Ich hatte nie zuvor solche gesehen, aber sie machten für mich sofort einen stimmigen Eindruck. Geschirre und Hunde waren eine Einheit.

Weil mich der Gedanke an diese Geschirre nicht mehr losließ, fuhr ich zu der Besitzerin dieser Hunde in die Schweiz, um sie mir genauer anzusehen. Sie hatte noch ein Kragengeschirr, das sehr alt und einfach gearbeitet war. Ein breiter Lederkragen legt sich rund um den Hundehals, sodass der Hund sich dagegen stemmen und der Druck sich großflächig verteilen kann.

Auf meine Frage hin, warum heute solche Geschirre nicht mehr verwendet würden, bekam ich die Antwort, dass man diese Geschirre benutzte, als die Hunde noch arbeiten mussten. Demnach sind es Geschirre, die besonders ergonomisch sind und mit denen Hunde große Leistung über einen langen Zeitraum bringen können. Erstaunlich, dass diese Geschirre verbannt wurden, nur weil die Hunde nicht mehr schwer arbeiten müssen! Auch wenn Hunde heute keine schweren Lasten mehr über mehrere Stunden am Tag ziehen, so muss das Geschirr dennoch ergonomisch richtig angepasst, aus geeignetem Material gefertigt sein und über die optimalen Zug- und Druckpunkte verfügen. Ein Sattler, der ein solches Kragengeschirr nähte, wurde gefunden und wir haben das Geschirr noch in vielen Teilen optimiert.

Zwei Berner Sennenhündinnen mit Kragengeschirren auf einem Schweizer Bauernhof.

Ein altes Schweizer Kragengeschirr.

Mit dem Kragengeschirr, einer kurzen, nach hinten aufgeweiteten Schere und einem Wagen mit leicht laufenden Rädern hatte ich endlich gefunden, was mich zufriedenstellte. Was mir noch fehlte, war ein Hintergeschirr. Einer meiner Hunde wurde am Wagen beim geringsten Gefälle langsam und zögerlich, wenn der Wagen nur minimal schob und das Zuggeschirr nach vorne drückte. Es war ihm deutlich anzumerken, dass er diesen Druck vermeiden wollte. Aus Gurtmaterial, später dann aus Leder, ließ ich für meine Hunde erste Hintergeschirre fertigen, die das Schieben des Wagens verhinderten. Das Hintergeschirr vervollständigte die Anspannung und meine Hunde zeigen mir sehr deutlich, dass sie sich in dieser Anspannung rundherum wohlfühlen.

Doch nicht nur meinen Hunden ging es so. Hunde, die zögerlich und unsicher waren, haben mit Kragengeschirr, kurzer Schere und leicht laufendem Wagen schnell ihr Verhalten geändert und immer mehr Vertrauen gefasst. Viele Hunde, auch solche, die nicht den typischen Zughunderassen zuzuordnen sind, zogen den Wagen vom ersten Anspannen an, als hätten sie nie etwas anderes getan. Die Reaktionen all dieser Hunde haben mir bestätigt, was ich an meinen bereits sehen konnte.

Sicher gibt es Hunde, die so große Freude am Ziehen und Laufen haben, dass sie in jedem Geschirr, mit jeder Zugvorrichtung und mit jedem Wagen stürmisch losrennen würden. Die Begeisterung des Hundes, sein Willen, es einem recht zu machen, und seine Kraft dürfen aber kein Grund sein, ihn Wagen ziehen zu lassen, die für ihn physisch ungesund ist.

In dieser Anspannung fühlt sich der Hund wohl.

Bis ich gefunden habe, was für meine Hunde das Beste ist, habe ich viele Geschirre gekauft, Wagen bauen und Scheren anfertigen lassen, um sie nach und nach wieder zu verändern und anzupassen. Meine Erfahrungen und Erkenntnisse damit habe ich in diesem Buch niedergeschrieben und sie können dazu beitragen, anderen Menschen und ihren Hunden diesen Umweg zu ersparen.

Die Anschaffung eines guten Ledergeschirrs und Wagens ist nicht billig, aber diese Investition lohnt sich, nicht nur aus finanzieller Sicht. Beides überdauert bei guter Pflege nicht nur Hunde-, sondern auch Menschengenerationen. Allerdings muss man sich etwas Mühe machen, bis man das Geeignete gefunden hat. Sattler und Wagner gibt es heutzutage nicht mehr an jeder Ecke.

Anpassung an den Körperbau

Wenn Sie mit Ihrem Hund Wagen ziehen möchten, sparen Sie nicht an der Ausrüstung, denn das kann zu Lasten Ihres Hundes gehen.
Bevor Sie sich entscheiden, wie Sie Ihren Hund anspannen, machen Sie sich ein wenig mit dem Körperbau und der Fortbewegung des Hundes vertraut, um die richtige Ausrüstung für ihn zu finden. Das Wissen über die Lage der Knochen, Knorpel und Gelenke erleichtert es, das Zug- und Hintergeschirr richtig auf den Hund einzustellen.

Wesentliche Körperteile für das Wagenziehen sind:

- Die Wirbelsäule, deren Beweglichkeit nicht eingeschränkt werden darf.
- Die Schulter und die Brust, mit denen der Hund mit größter Kraft schieben kann.
- Das Schultergelenk, das durch das Geschirr so wenig wie möglich behindert werden soll.
- Das Brustbein, das nur knorpelig mit den Rippen verbunden ist und deshalb keinem hohen Druck ausgesetzt werden darf.
- Das Sitzbein für die Position des Hintergeschirrs.

Die Ausrüstung darf den Hund nicht behindern und soll ihm das Ziehen so leicht und komfortabel wie möglich machen. Geschirr, Zug-, Lenk- und Bremsvorrichtung sowie Wagen müssen so ausgewählt werden, dass der Hund sich gut bewegen und seine Zugkraft optimal einsetzen kann. Je wohler er sich in der

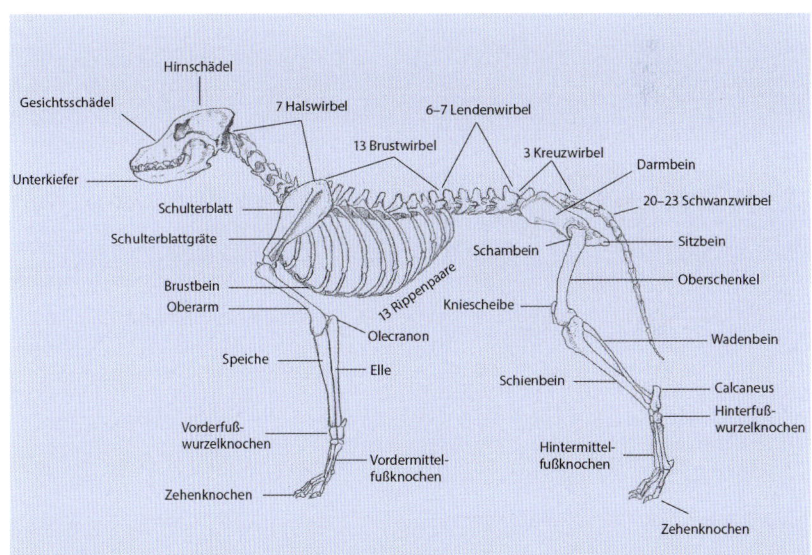

Anspannung fühlt, desto freudiger und ausdauernder wird er den Wagen ziehen. Hunde, die Wagen ziehen, bewegen sich überwiegend im Schritt und im Trab vorwärts. Besonders im Trab greift die Vorhand weit nach vorne und die Hinterhand schlägt weit nach hinten aus.

Diese Bewegung darf weder durch das Geschirr noch durch die Zug-, Lenk- und Bremsvorrichtung behindert oder gehemmt werden. Deshalb ist jede Zugvorrichtung mit einem beweglichen Ortscheit zu versehen, das in der Vorwärtsbewegung und in Wendungen den Schritt ausgleicht und den weiten Vortritt ermöglicht.

Bei einem Brustblattgeschirr gleicht das bewegliche Ortscheit weitgehend, aber nicht vollständig, die Behinderung im Schultergelenk aus. Die Zugvorrichtung muss so lang sein, dass der Hund nicht mit den Hinterpfoten an das Ortscheit stoßen kann.

In der Vorwärtsbewegung tritt ein gut gebauter Hund, je nach Rasse, mit seinen Hinterpfoten in den Abdruck der Vorderpfoten. Auch in engen Wendungen versucht der Hund, diese Spur zu halten. Er vermeidet, mit den Pfoten zu kreuzen. Die Wirbelsäule des Hundes wird von vorne nach hinten weniger beweglich. Die Halswirbelsäule lässt Bewegungen des Kopfes in alle Richtungen zu. Der vordere Teil der Brustwirbelsäule ermöglicht wenig Bewegung nach oben, unten und seitwärts, sondern nur um seine eigene Achse. Der hintere Teil der Brustwirbelsäule lässt Auf- und Abwärtsbewegungen zu, wie sie der Hund im Galopp und beim

Weit ausgreifende Vorhand und weit ausschlagende Hinterhand.

Springen braucht. In der Lendenwirbelsäule und dem Kreuzbein findet praktisch keine Bewegung mehr statt. Die Anspannung muss dem Hund seine natürliche Fortbewegung ermöglichen. Die Schere muss so kurz sein, dass der Hund in den Wendungen mit der Vorhand abbiegen kann. Nach hinten wird sie so aufgeweitet, dass er gegengleich mit der Hinterhand ausschwenken kann, da seine Brustwirbelsäule kaum eine seitliche Biegung zulässt. Ist dies dem Hund nicht möglich, kann er seine Spur nicht mehr halten und muss mit den äußeren Pfoten über die inneren treten. Das Zuggeschirr muss dem Hund eine optimale Kraftentwicklung ermöglichen und auf den gut bemuskelten Partien an der Brust oder der Schulter großflächig aufliegen, um den Druck auf eine möglichst große Fläche zu verteilen. Auf das Brustbein soll kein Druck wirken, weil es – um ein Ausdehnen des Brustkorbs zu ermöglichen – nicht knöchern mit dem Brustkorb verwachsen ist. Das Brustbein beginnt an der Vorbrust (mit dem deutlich fühlbaren Habichtsknorpel unter dem Hals) und endet hinter der Vorhand.

Abwenden mit der Vorhand, Ausschwenken mit der Hinterhand und Halten der Spur.

Im Körperbau der Wagenhunde sind die Gangarten begründet. Ein großer, kräftiger Hund kann ausdauernd im Schritt und im Trab gehen, nicht aber im Galopp. Aus diesem Grund ist die Anspannung des Lastenziehhundes nicht mit der des Schlittenhundes zu vergleichen, der sich im Trab und Galopp vorwärtsbewegt. Für den Galopp hilft die Beweglichkeit der Brust- und Lendenwirbelsäule nach oben und unten und entsprechende Freiheit brauchen die Hunde im Geschirr und der Zugvorrichtung. Daher sind Schlittenhunde auch nicht an starren Zug- und Lenkvorrichtungen, sondern an Zugseilen angespannt.

Galoppiert ein Hund mit der Anspannung des Lastenzugs, wird die Schere bei jedem Galoppsprung nach oben geworfen und fällt wieder herunter. Dabei entsteht jedes Mal Druck auf den Rückentrageriemen. Bei Pferdeanspannungen gibt es gefederte Scheren, die dies verhindern. Doch auch bei Kutschpferden sind die Gangarten normalerweise der Schritt und der Trab.

Muss ein Hund ohne Hintergeschirr einen Wagen ziehen, ist er gezwungen, den Schub des Wagens mit dem Zuggeschirr aufzufangen. Ein Schub des Wagens kann durch eine Bremse oder die Bremshilfe eines Helfers nicht immer verhindert werden.

Mehr über die Wirkung der Anspannung auf den Hund finden Sie in den jeweiligen Kapiteln.

Die Ausrüstung zum Wagenziehen

Die passende Ausrüstung zum Wagenziehen ist wichtig, damit der Hund seine Kraft richtig einsetzen kann und er sich dabei wohlfühlt. Im Folgenden finden Sie alle wichtigen Informationen zu den verschiedenen Geschirren, der Zugvorrichtung und den geeigneten Wagen.

Die Geschirre

Das Zuggeschirr für den Lastenzug braucht eine große Auflagefläche, gegen die sich der Hund mit seinem ganzen Gewicht stemmen kann, um den Hundekörper zu entlasten und den Druck auf eine große Fläche gleichmäßig zu verteilen. Gerade durch das langsamere Tempo muss der Hund immer wieder den Rollwiderstand überwinden, besonders auf weichem, unebenem Boden, am Berg und am meisten beim Anfahren, auch wenn der Wagen selbst nicht allzu schwer ist. Schmale Gurte und falsche Druckpunkte schaden dem Hund.
Beim **Brustblattgeschirr** umschließt das breite Brustblatt die Brust und den Oberarm, beim **Kragengeschirr** legt sich der breite Kragen um den Hals und die Schulter.

 Die wichtigsten Bestandteile des Geschirrs und der Zugvorrichtung.

Pulka- und **Pulmetgeschirre** sind Abwandlungen von Schlittenhundegeschirren, die für den Zug mit mehreren Hunden im schnellen Trab und Galopp entwickelt wurden.
Führgeschirre sind gänzlich ungeeignet, um Hunde vor den Wagen zu spannen. Ganz und gar abzulehnen ist es, Hunde mit dem Halsband ziehen zu lassen.

Jedes Zuggeschirr braucht **Zugstränge,** die am beweglichen **Ortscheit** am Wagen befestigt werden. Mit ihnen wird der Wagen gezogen. Starre Zugvorrichtungen (Zugstangen) behindern den Hund in der Vorwärtsbewegung und in den Wendungen, weil sie nicht den Bewegungen des Hundes folgen können.
Am **Rückentragegurt** des Geschirrs sind die **Trageschlaufen** für die Einspännerschere angebracht. Er wird mit dem **Bauchgurt** locker geschlossen.
Zweispännergeschirre haben vorne Ringe, an denen sie mit einem Riemen oder einer Kette mit der **Deichsel** verbunden werden.
Um den Wagen zu bremsen, bergab zu halten oder rückwärts zu richten, braucht der Hund ein **Hintergeschirr,** gegen das er sich stemmen kann, damit der Wagen nicht in die Hinterhand fährt oder das Zuggeschirr in seinen Nacken drückt.

Zuggeschirre müssen an die Größe und Statur des Hundes angepasst sein. Ein gutes Geschirr gibt dem Hund Halt, drückt und scheuert nicht und ermöglicht der Schere oder Deichsel eine sichere Führung. Nur so kann der Hund seine ganze Zug- bzw. Schubkraft entwickeln. Da Hunde nicht über die Haut schwitzen, bekommen sie kaum Scheuer- oder Druckstellen.

Trotzdem ist bei allen Geschirren darauf zu achten, dass sie bei jedem Anspannen neu überprüft und auf den jeweiligen Hund eingestellt werden. Gerade die großen, schweren Hunderassen brauchen zur körperlichen Entwicklung mehrere Jahre. Abhängig von der weiteren Brustentwicklung eines jungen Hundes kann das Brustblatt des Brustblattgeschirrs zu kurz werden.

Pulmet- und Pulkageschirre sind an die Schlittenhundeanspannung angelehnt. Ihnen fehlt die notwendige große Auflagefläche und die Zugpunkte sind zu weit hinten angebracht. Bei diesen Geschirren entsteht Druck auf das Brustbein, das dafür zu instabil ist.

Hintergeschirre sind für diese Anspannungen nicht vorgesehen. Daher wird der Hund bei Bergabfahrten, beim Bremsen und Rückwärtsfahren unnötig belastet.
Geschirre, die abgewandelt aus dem Schlittenhundesport kommen, sind für den Lastenzug wenig geeignet. Lastenziehhunde stemmen sich mit ihrem Gewicht gegen das Geschirr. Dazu brauchen sie viel Kraft und eine große Auflagefläche des Geschirrs, um den Druck möglichst gleichmäßig zu verteilen. Die Zugstränge sind idealerweise hoch und weit vorne am Körper angebracht, damit der Hund seine Zugkraft am besten entwickeln kann. Dies ist bei den Pulmet- und Pulkageschirren nicht gegeben.

SCHON GEWUSST?

Schlittenhunde haben speziell konzipierte Geschirre, mit denen an Zugseilen, die oben am Schwanzansatz am Geschirr befestigt sind, gezogen wird. Dadurch entstehen andere Zug- und Druckpunkte als bei der festen Anspannung mit Zugstangen und Zugsträngen.

An ähnlichen Geschirren, wie sie im Schlittenhundesport benutzt werden, ziehen Hunde an Dogscootern, Trikes oder beim Cani-Cross. Gebremst wird vom Fahrzeug aus durch den Menschen. Solche Zugarten haben mit dem Lastenzug wenig gemein.

Pulka- und Pulmetgeschirre werden nach Maß gefertigt. Geschirre, die zu klein geworden sind, müssen ausgetauscht werden. Das Kragengeschirr ist dagegen so verstellbar, dass es mitwächst und der Kragen sich an Hals und Schulter anpasst. Alle Schnallen und Ringe am Geschirr müssen stabil und haltbar sein und auch stärkeren Rucken und Schlägen standhalten. Öffnen sich Schnallen oder brechen sie, kann das für den Hund gefährlich werden oder zumindest ein traumatisches Erlebnis sein, wenn der Wagen dadurch außer Kontrolle gerät.

Die Trageschlaufe wird bei diesem Geschirr nur mit dem kleinen, schwarzen Plastikklemmverschluss gehalten. Löst sich die Klemme, fällt die Schere auf dieser Seite herunter und der Hund kann in Panik geraten

Es wird oft unterschätzt, welche Kraft Hunde für das Wagenziehen aufwenden müssen.

Welche Kraft Hunde aufwenden, um einen Wagen anzuziehen, in unebenem oder weichem Boden und an Steigungen vorwärts zu bewegen und eine Last zu ziehen, wird oft unterschätzt. Man muss sich das bewusst machen und dem Hund ermöglichen, in einem Geschirr zu ziehen, das ihm hohen Komfort, die beste Kraftausnutzung und höchstmögliche Sicherheit bietet.

Das Kragengeschirr

Das Kragengeschirr besteht aus einem in der Weite verstellbaren, je nach Größe des Hundes etwa 8 bis 10 cm breiten Kragen aus Leder, einem gepolsterten Rückentrageriemen, einem Bauchgurt und zwei Zugsträngen.

Am Rückentrageriemen sind Schlaufen zur Aufnahme der Schere angebracht. Er ist in der Weite verstellbar, um ihn dem Brustumfang des Hundes anzupassen und um die Schere der Einspänneranspannung in der richtigen Höhe, nämlich etwa in der Mitte des Brustkorbs, anzubringen. Ebenfalls ist das Verbindungsstück vom Kragen zum Rückentrageriemen verstellbar, um es in der Länge richtig einzustellen.

Das Geschirr lässt sich leicht anlegen. Der Rückentrageriemen wird hinter dem Widerrist über den Rücken und der geöffnete Kragen von unten um den Hals des Hundes gelegt. Der Kragen wird im Nacken zugeschnallt, der Bauchgurt geschlossen, die Schere in die Trageschlaufen eingehängt und die Zugstränge am Ortscheit befestigt.

Ein richtig eingestelltes Kragengeschirr.

Der Kragen umschließt den ganzen Hals so, dass man zwischen Hals und Kragen noch gut eine Hand schieben kann und er nicht die Atmung des Hundes behindert. Er ist mit einer Schnalle im Nacken in der Weite zu verstellen. Der Kragen darf nicht so breit sein, dass er die Bewegung der Vorhand behindert.

Der gepolsterte Rückentrageriemen liegt direkt hinter dem Widerrist, wo die Wirbelsäule die größte Tragfähigkeit hat. Der Bauchgurt schließt hinter den Vorderbeinen. Er darf nur locker geschlossen werden, damit der Hund ungehindert atmen kann.

Die Zugstränge sind am Kragen seitlich in der Höhe angebracht, sodass das Geschirr im Zug an die Schulter des Hundes gedrückt wird. Unter Zugbelastung stehen sie im Idealfall im rechten Winkel zum Kragen und verlaufen in ungebrochener Linie zum beweglichen Ortscheit. Der Winkel ist davon abhängig, wie die Schulter des Hundes gestellt ist.

Wird das Kragengeschirr für einen Hund gefertigt, der einen Halsumfang von 60 cm hat, kann das Geschirr durchaus auch für Hunde mit einem Halsumfang von 55 bis 65 cm angelegt werden. Die Weite wird über die Schnalle im Nacken verstellt. Der Kragen passt sich dem jeweiligen Hund an. Im Gegensatz zum Brustblattgeschirr ist hierbei die Brustbreite nicht relevant, sondern nur der Halsumfang. Das macht das Kragengeschirr flexibler einsetzbar als andere Geschirre. Beim Kragengeschirr verteilt sich der Druck beim Ziehen auf eine große Fläche rund um den gut bemuskelten Hals und die Schulter des Hundes. Der Kragen liegt auf dem Schulterblatt auf und behindert nicht die Vorwärtsbewegung des

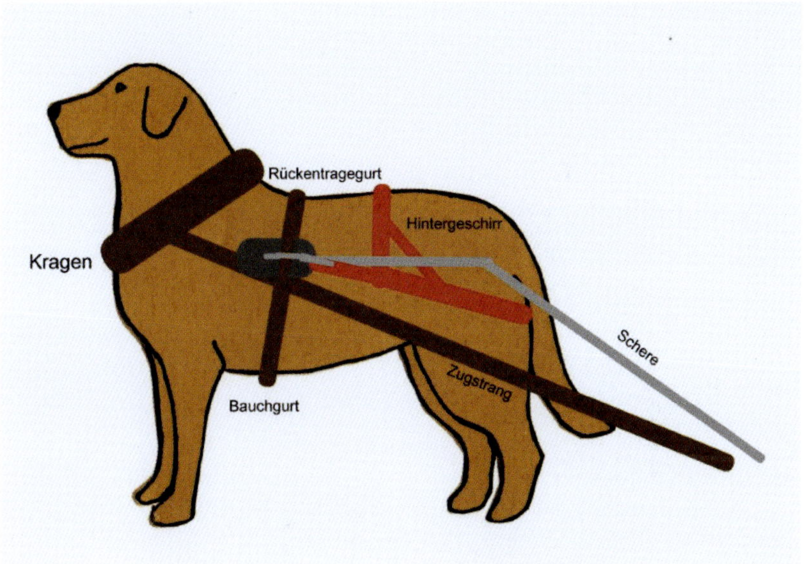

Kragengeschirr mit Hintergeschirr, Zugsträngen und kurzer Schere.

Hundes. Eine eventuell minimal vorhandene Behinderung der Vorhand bedingt durch einen zu breiten Kragen wird durch das bewegliche Ortscheit ausgeglichen. Durch die seitlich angebrachten Zugstränge wird der Kragen aufgeweitet und behindert den Hund nicht. Die Zugpunkte liegen höher als bei anderen Geschirren und ermöglichen dem Hund dadurch eine höhere Zugkraft.

Das Kragengeschirr wurde früher verwendet, als die Hunde noch schwer ziehen mussten. Das bedeutet, dass in diesem Geschirr der Hund seine angewendete Kraft am besten ausnutzen kann. Hunde ziehen heute kaum mehr schwere Lasten, doch hat die Beschaffenheit der Wegstrecke, die gefahren wird, einen großen Einfluss auf die Kraft, die der Hund aufwenden muss, um den Wagen vorwärts zu bewegen.
Ebenso muss ein Hund, um den stehenden Wagen anzuziehen, seine ganze Kraft einsetzen. Das tut er, indem er den Kopf nach unten nimmt, den Rücken hochwölbt und sich mit aller Kraft in das Geschirr stemmt. Da beim Kragengeschirr mehr Körpermasse unter als über dem Zugpunkt liegt, kann der Hund sein ganzes Gewicht in das Geschirr legen und es besteht nicht die Gefahr, dass er die Balance verlieren. Vom Komfort, der möglichen Kraftentwicklung und des Zugpunktes ist es das ideale Geschirr für den Lastenzug.
Das Kragengeschirr ist eine Abwandlung des Kumtgeschirrs, das heute kaum mehr verwendet wird, weil es für jeden Hund speziell angepasst werden muss und körperliche Entwicklungen und Veränderungen des Hundes nicht ausglei-

chen kann. Das Kumt ist ein Oval mit einem festen Kern, das eng an der Schulter des Hundes anliegt. Mit dem Kumt kann der Hund sehr viel Kraft entwickeln und ist nicht in seiner Vorwärtsbewegung behindert, weil es keine Gelenke und sich bewegende Körperteile beeinträchtigt – ein optimales Geschirr für den Lastenzug. Wegen seiner Anpassungsfähigkeit ist jedoch das Kragengeschirr dem Kumt vorzuziehen.

IN KÜRZE!

Das Kragengeschirr hat eine große Auflagefläche, schränkt die Bewegung des Hundes nicht ein, ist gut verstellbar und leicht anzulegen, verfügt über einen idealen Zugpunkt (weit oben und vorne) und ermöglicht daher eine hohe Kraftentwicklung.

Das Brustblattgeschirr

Das Brustblattgeschirr, auch Sielengeschirr genannt, besteht aus einem mindestens 5 cm breiten Brustgurt aus Leder oder Synthetikmaterial, der quer über die Brust verläuft. Der verstellbare Nackengurt hält das Brustblatt in der richtigen Position. Am verstellbaren gepolsterten Rückentragegurt sind Schlaufen angebracht, um die Einspännerschere in der richtigen Höhe, nämlich etwa in der Mitte

Ein Brustblattgeschirr mit Hintergeschirr und Bollerwagen. Die Trageschlaufe für die Schere ist baubedingt etwas zu tief.

des Brustkorbs, zu befestigen. Der Bauchgurt wird locker geschlossen, damit der Hund ungehindert atmen kann. An den jeweiligen Enden des Brustblattes werden die Zugstränge, mit denen der Wagen am beweglichen Ortscheit gezogen wird, angenäht oder eingehängt.

Das Geschirr lässt sich leicht anlegen. Der Nacken- und Rückengurt wird über den Kopf des Hundes gestreift, der Bauchgurt geschlossen, die Schere in die Trageschlaufen eingehängt und die Zugstränge werden am Ortscheit befestigt. Allerdings ist es nicht ganz einfach, das Geschirr auf den jeweiligen Hund in allen Teilen optimal anzupassen. Beim Brustblatt besteht mehr als bei anderen Geschirren die Gefahr, dass durch falsche Einstellung das Brustblatt zu hoch oder zu tief sitzt oder die Zuglinie unterbrochen und im Zug der Druck anstatt an die Brust auf den Rücken geleitetet wird.

Beim Brustblattgeschirr verteilt sich der Druck beim Ziehen über die ganze Fläche des Brustblattes auf die Vorbrust. Da das Brustblatt das Schultergelenk umschließt, behindert es die Vorwärtsbewegung der Vorhand. Um dies auszugleichen, müssen die Zugstränge unbedingt an einem beweglichen Ortscheit angebracht werden.

Bei Bergauffahrten und unter hoher Zuglast engt das Brustblattgeschirr die Brust des Hundes ein. Eine Verbesserung kann man erreichen, wenn das Ortscheit

Der Gurt dieses Brustblattes ist nur 2,5 cm breit. Das weiche, schwarze Fleece lässt das Brustblatt optisch breiter aussehen. Er polstert den Gurt jedoch nur ab, aber erhöht nicht die Auflagefläche. Dadurch entsteht hoher Druck auf eine relativ kleine Fläche. Bei diesem Geschirr ist weder der Nackengurt noch der Rückentragegurt verstellbar und dadurch kann es körperlichen Entwicklungen nicht angepasst werden.

deutlich breiter ist als der Hund. Dann umschließt das Brustblatt die Brust nicht mehr so fest.

Beim Brustblatt ist der Zugpunkt unterhalb des Schwerpunktes des Hundes, das heißt, mehr Masse des Hundes liegt oberhalb des Zugpunktes. Das wirkt sich negativ auf die Zugkraft aus.

Das Brustblatt muss der Brustausformung des Hundes angepasst werden. Ist es zu kurz, engt es den Hund ein und die Zugpunkte sind zu weit vorne. Ist es zu lang, sind die Zugpunkte zu weit hinten. Um die ideale Länge des Brustblattes zu messen, beginnt man hinter einem Ellenbogen des einen Vorderbeins um die Vorbrust herum bis hinter den Ellenbogen des anderen.

Das Brustblatt liegt so auf der Vorbrust auf, dass es den Hund nicht stört. Wird das Brustblattgeschirr zu hoch angebracht, behindert es die Atmung des Hundes, hängt es zu tief, beeinträchtigt es zu sehr die Vorwärtsbewegung der Vorhand. Auf korrekten Sitz des Brustblattes ist unbedingt zu achten.

Bei vielen Brustblattgeschirren ist die Aufnahme für die Schere am Nackengurt angebracht. Wird die Schere dort eingehängt, belastet dies unnötig die Nackenmuskulatur und behindert die bewegliche Halswirbelsäule. Zudem können diese

Das Brustblatt ist zu hoch – es behindert die Atmung.

Das Brustblatt ist zu tief – es behindert die Vorhand.

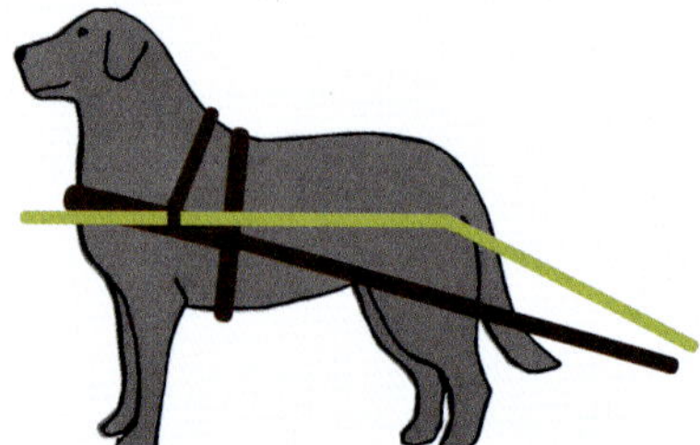

Hier ist die lange Schere im Nackenriemen eingehängt.

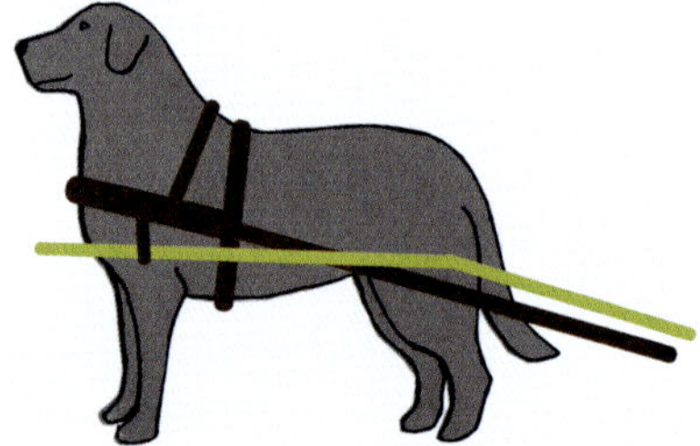

Die lange Schere ist in die Trageschlaufen am Brustblatt eingehängt.

Brustblattgeschirre nur mit Scheren gefahren werden, die über den Körper des Hundes hinausragen. Warum dies abzulehnen ist, wird bei den Zugvorrichtungen erklärt.

Andere Brustblattgeschirre haben die Aufnahme der Schere direkt am Brustblatt befestigt, sodass die Schere sehr tief auf Höhe der Ellenbogen hängt. Zum einen kann auch dieses Geschirr nur mit langen Scheren gefahren werden, zum anderen besteht die Gefahr, dass die Schere in der Bewegung schaukelt und gegen die Ellenbogen schlägt. Da mit dem Brustblatt gezogen wird, ist es sehr ungünstig, wenn das Gewicht der Schere dieses nach unten zieht.

Es gibt Brustblattgeschirre, bei denen der Rückentrageriemen ein separates Geschirrteil und nicht fest mit dem Brustblatt verbunden ist. Der Rücken-

Ein Brustblattgeschirr mit separatem Rückentragegurt.

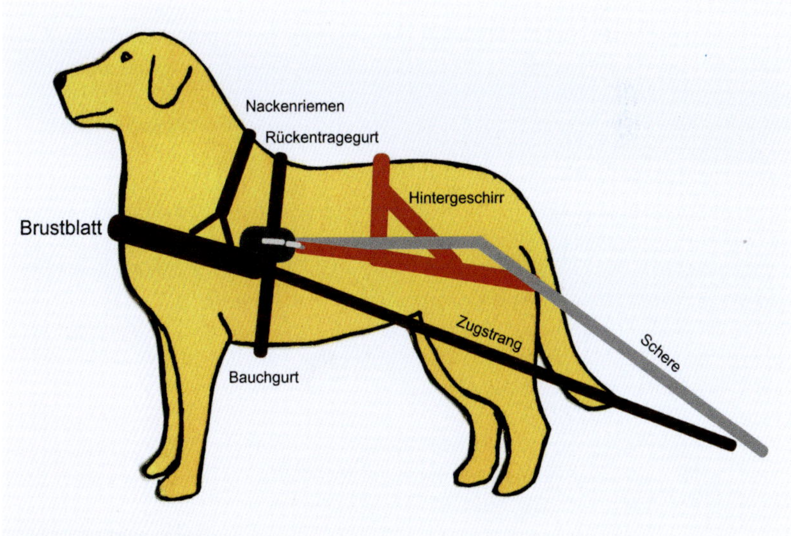

Ideale Brustblattanspannung mit gutem Sitz des Brustblattes, gerader Zuglinie, Hintergeschirr sowie kurzer, aufgeweiteter und gepolsterter Schere.

trageriemen liegt auf dem Widerrist auf und wird am Bauch geschlossen. In die Trageschlaufen dieser Riemen wird die Schere eingehängt. Bergab, bei Bremsmanövern und beim Rückwärtsfahren wird der Rückentrageriemen in den Nacken des Hundes geschoben und nur an der Vorhand durch den Bauchgurt aufgehalten. Um dies zu verhindern, darf dieses Geschirr nur mit Hintergeschirr gefahren werden, sonst kann es sein, dass der Wagen auf den Hund aufläuft. Für Ungeübte ist das Geschirr schwierig anzulegen.

Auf ebenen Wegen, höherer Geschwindigkeit und ohne große Beladung kann das Brustblattgeschirr für den Lastenziehhund verwendet werden. Für stärkere Belastung ist es weniger geeignet, weil es den Brustkorb einengt und die freie Vorhandführung behindert.

IN KÜRZE!

Das Brustblattgeschirr hat eine große Auflagefläche, es schränkt die Bewegung der Vorhand und engt die Brust ein. Es ist leicht anzulegen, verstellbar und auf fehlerfreie Anpassung muss geachtet werden. Der Zugpunkt ist etwas tief. Dadurch und durch die Einengung und Vorhandbehinderung ist nur eine mittlere Kraftentwicklung möglich.

Das Pulkageschirr

Das Pulkageschirr besteht aus einem 2 bis 4 cm breiten, gepolsterten Gurt, der den Hals umschließt, über das Brustbein zwischen den Vorderbeinen hindurchläuft und mit einem Rücken- und Bauchgurt geschlossen wird. Am Rückengurt befindet sich die Aufnahme für die Pulkastange, mit der diese am Geschirr befestigt wird. Oben am Widerrist und unten hinter den Vorderbeinen sind Gurte angebracht, die nach der Körpermitte zusammenlaufen und in der Zugbefestigung enden, mit der sie an der Pulkastange befestigt werden.

Mit dem Pulkageschirr wird mit einer starren Zugstange gelenkt und gezogen. Ein bewegliches Ortscheit und Zugstränge gibt es nicht und somit findet auch kein Schrittausgleich statt. Der Hund hat in der Pulkastange wenig Bewegungsfreiheit und sie wird empfohlen, wenn der Hund noch keinen guten Gehorsam hat, weil er mit der Pulkastange besser kontrolliert werden kann. Für den Lastenziehhund ist das jedoch kein Argument, da der Hund geführt wird und erst ziehen sollte, wenn Vertrauen und Gehorsam da sind.

Um einen optimalen Sitz des Geschirrs zu gewährleisten, wird es nach Maß an den jeweiligen Hund angepasst, da es wenig Verstellmöglichkeiten bietet. Hierzu müssen Hals- und Brustumfang sowie die Rückenlänge gemessen werden. Beim Pulkageschirr kann sich die Vorhand des Hundes frei bewegen.

Der Zugpunkt beim Pulkageschirr ist sehr weit hinten. Deshalb kann der Hund nicht seine volle Zugkraft entwickeln. Der Zug wird weitergeleitet nach oben zum Halsgurt und nach unten zum Brustgurt. Dabei wird der Brustgurt an das Brust-

Eine Pulkaanspannung.

bein gepresst und der Halsgurt in die Länge gezogen. Der Halsgurt wird dadurch eng und nicht an das Schulterblatt gedrückt. Das Brustbein ist mit dem Brustkorb nicht knöchern verwachsen und darf nicht mit starkem Druck belastet werden.

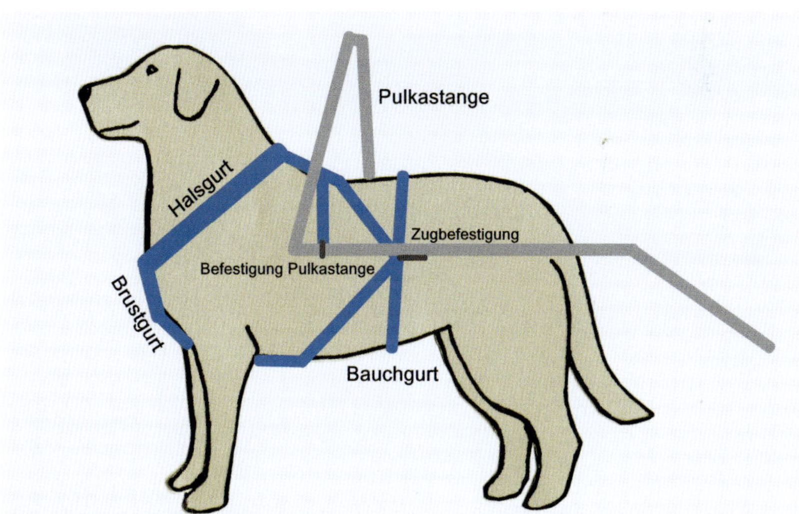

Pulkageschirr mit Pulkastange.

IN KÜRZE!

Aufgrund der geringen Auflagefläche des Pulkageschirrs, dem Druck auf das bewegliche Brustbein und der engen, starren Pulkastange ohne Ortscheit ist diese Anspannung für den Lastenziehhund wenig geeignet, da der Hund nicht in der Lage ist, sich mit ganzer Kraft gegen das Geschirr zu stemmen und in Wendungen seinem natürlichen Bewegungsablauf zu folgen.

Das Pulmetgeschirr

Das Pulmetgeschirr (Pulka-Kumt-Geschirr) besteht aus etwa 3 bis 5 cm breiten gepolsterten Gurten, die um den Hals, über das Brustbein und zwischen den Vorderbeinen verlaufen. Die Zugstränge sind oben am Widerrist und unten hinter den Vorderbeinen angesetzt und laufen hinter der Körpermitte des Hundes zusammen. Am Rückentragegurt sind der Bauchgurt und die Aufnahme für die Schere befestigt. Diese ist höhenverstellbar.

Pulmetgeschirr mit kurzer Schere und mit Brustgurt, der über das Brustbein verläuft.

Der Bauchgurt wird nur locker geschlossen, um die Atmung des Hundes nicht zu behindern. Um einen optimalen Sitz zu gewährleisten, muss das Geschirr maßgefertigt werden. Der Halsriemen ist minimal verstellbar, nicht jedoch der Brustgurt und der Verbindungsgurt zum Trageriemen. Am Brustgurt befindet sich ein Ring für die Zweispänneranspannung.

Beim Pulmetgeschirr kann sich, wie beim Pulkageschirr, die Vorhand des Hundes frei bewegen.

Die Zugstränge werden an einem beweglichen Ortscheit befestigt, um einen Schrittausgleich zu bewirken und dem Hund in Wendungen die notwendige Freiheit zu geben. Da der Zugpunkt beim Pulmetgeschirr sehr weit hinten ist, kann der Hund nicht seine volle Zugkraft entwickeln.

Im Gegensatz zum Kumt- oder Kragengeschirr wird der Halsgurt im Zug nicht seitlich an die Schulterblätter gepresst, sondern nach oben zum Halsgurt und nach unten zum Brustgurt weitergeleitet, was bewirkt, dass der Brustgurt an das Brustbein gepresst und der Halsgurt in die Länge gezogen wird.

Diese Anspannung ist nicht dazu geeignet, dass sich der Hund mit ganzer Kraft gegen das Geschirr stemmt, so wie es beim schweren Zug sein sollte. Die gewollte Kumtwirkung tritt nicht auf. Da das Brustbein nicht fest mit dem Brustkorb verwachsen ist, ist es ungünstig, wenn hierauf der Hauptdruck liegt.

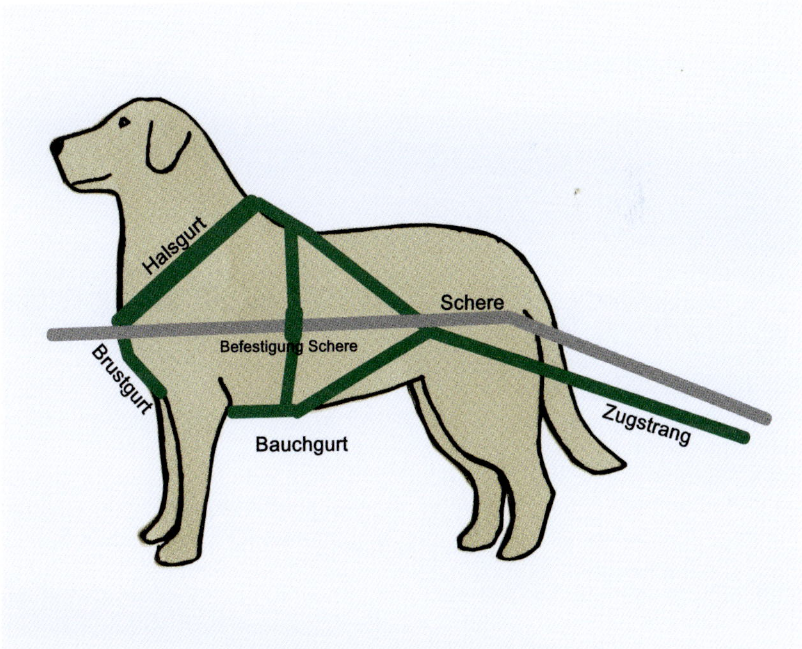

Pulmetgeschirr mit langer Schere.

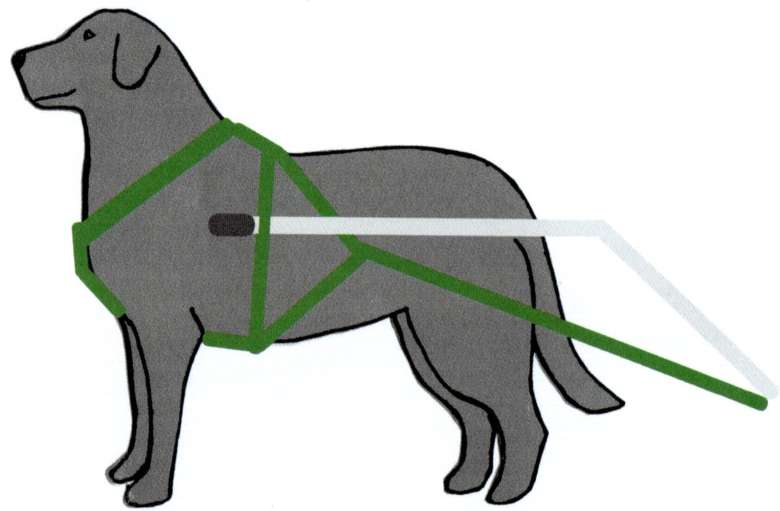

Pulmetgeschirr mit kurzer Schere.

IN KÜRZE!

Pulka- und Pulmetgeschirr haben eine geringe Auflagefläche. Sie schränken die Bewegung nicht ein, müssen jedoch maßgefertigt werden und bieten wenig Verstellmöglichkeiten. Der Zugpunkt ist weit hinten, es entsteht Druck auf das Brustbein. Es ist nur eine mittlere Kraftentwicklung möglich

Das Hintergeschirr

Das Hintergeschirr benötigt der Hund unbedingt zum Bremsen, um den Wagen bergab zu halten und um ihn rückwärts zu drücken.

Beim Wagenziehen mit Hunden findet das Hintergeschirr bisher leider kaum Erwähnung und Anwendung, obwohl die meisten Hunde im Einspänner gefahren werden und die Wagen im besten Fall mit einer Kurbel- oder Feststellbremse ausgestattet sind.

Im Gegensatz zu Pferdekutschen haben Hundewagen keine Fußbremse, mit der dosiert gebremst und ein Auflaufen auf den Hund verhindert werden kann. In der Regel läuft der Hundeführer neben seinem Hund her und kann allenfalls bei Bergabfahrten die Kurbelbremse betätigen.

Hintergeschirr aus Büffelleder – maßgefertigt.

Das Hintergeschirr besteht aus einem breiten, möglichst gepolsterten Riemen, der unter dem Sitzbeinhöcker etwa eine Handbreit unter der Rute des Hundes das Hinterteil umschließt. Dieser Riemen wird mithilfe eines (oder zweier) Trageriemen, der über den Rücken geführt wird, in seiner Position gehalten. Das

Hintergeschirr für sehr kleine Mini-Shetlandponys – angepasst.

Hintergeschirr wird mit Karabinern an den Rückhalteriemen nach vorne an der Schere befestigt. Hierzu eignet sich die Öse, in welche die Trageschlaufen des Zuggeschirrs eingehängt sind.
Trage- und Rückhalteriemen müssen verstellbar sein, um den richtigen Sitz des Hintergeschirrs anpassen zu können. Der Riemen, der unter der Rute des Hundes verläuft, muss entweder maßgefertigt oder seitlich verstellbar sein. Da ein Hund sich in der Schere viel bewegt, sich hinsetzt und -legt, muss das Hintergeschirr genau passen, damit es in seiner Position bleibt. Es darf nicht zu locker und auch nicht zu straff sein.
Ist es zu locker, tritt die Bremswirkung zu spät auf, sitzt es zu fest, drückt es den Hund in der Vorwärtsbewegung. Sitzt es zu tief, schiebt ihm die Last die Hinterbeine unter den Körper und er kann seine Kraft nicht mehr einsetzen. Im schlimmsten Fall knickt die Hinterhand ein. Die Linie Hinterriemen-Rückhalteriemen darf nicht durch einen zu kurzen Trageriemen gebrochen werden, da sonst beim Bremsen und Rückwärtsschieben Druck auf den Hunderücken entsteht.
Bei Hunden mit einer stark abfallenden Rückenlinie ist es schwierig, das Hintergeschirr in der richtigen Position zu halten. Um zu verhindern, dass der Trageriemen nach hinten rutscht, kann ein elastisches Band zwischen Rückentrageriemen des Zuggeschirrs und Trageriemen des Hintergeschirrs angebracht werden.
Bei Bergabfahrten hält der Hund mit dem Hintergeschirr den Wagen, indem er sich etwas nach hinten lehnt. Um ihm beim Halten des Wagens zu helfen, kann

Der Hund lehnt sich am Berg nach hinten und hält so den Wagen mit dem Hintergeschirr. Die Schere kann das Zuggeschirr nicht nach vorne schieben, weil sie vom Hintergeschirr gehalten wird.

Rückwärtsfahren mit Hintergeschirr: Die Zugstränge sind locker, der Hund stemmt sich gegen das Hintergeschirr und schiebt den Wagen zurück. Die Schere wird vom Hintergeschirr gehalten und verhindert, dass das Zuggeschirr nach vorne geschoben wird.

die Kurbelbremse leicht angezogen werden, aber nur so weit, dass die Räder nicht blockieren. Feststellbremsen eignen sich nicht dazu, sie während der Fahrt anzuziehen.

Hat der Hund kein Hintergeschirr, kann er den Wagen nicht halten. Dieser läuft auf den Hund auf und schiebt das Zuggeschirr nach vorne. Der Hund kann dann das Gewicht nur noch mit dem Nacken aufhalten. Dies belastet den Hals, ist dem Hund äußerst unangenehm und wenig effektiv.

Beim Anhalten setzt der Hund mit dem Hintergeschirr seine ganze Körperkraft – wie bei Bergabfahrten – ein und bringt den Wagen zum Stehen. Ohne Hintergeschirr schiebt der Wagen, wie oben beschrieben, weiter. Je nach Gewicht des Wagens und je nach Geschwindigkeit wirken enorme Kräfte auf den Hund.

Mit einer Bremse kann man den Hund beim Anhalten unterstützen, jedoch nur, wenn das Bremsmanöver geplant ist. Bremst ein Hund unvorhergesehen aus dem Trab ab, kommt der Wagen von hinten angeschossen. Das Hintergeschirr mildert die Wucht. Um einen rollenden Wagen zu bremsen, muss ein Hund wesentlich mehr Kraft aufwenden, als einen stehenden Wagen nach hinten zu schieben.

Beim Rückwärtsfahren kann der Hund mithilfe eines Hintergeschirrs rückwärtsgehen und dabei den Wagen nach hinten drücken. Hier tritt dieselbe Wirkung für den Hund auf, wie beim Halten und Bremsen des Wagens.

Ein schiebender Wagen, der nicht durch ein Hintergeschirr gehalten wird, kann einem Hund den Spaß am Wagenziehen verderben.

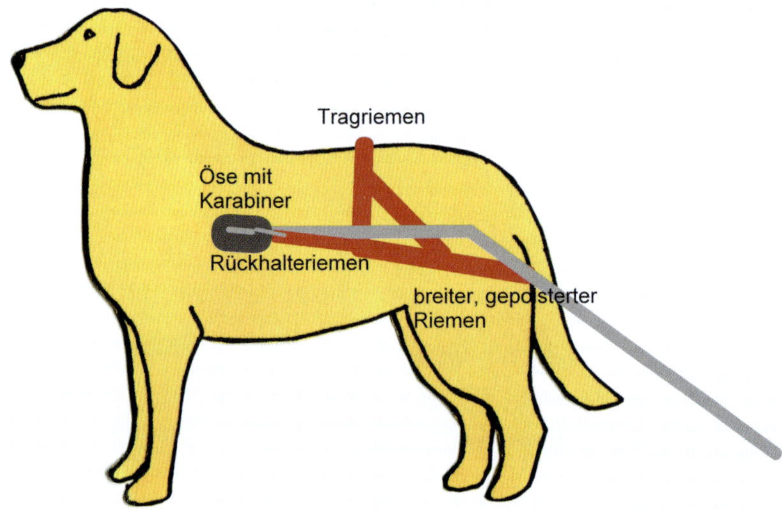

Das Hintergeschirr ist an der Schere befestigt.

Ein verstellbares Hintergeschirr aus Gurtband.

IN KÜRZE!

Das Hintergeschirr erleichtert dem Hund das Bremsen, das Halten des Wagens an Gefällstrecken und das Rückwärtsfahren. Ohne Hintergeschirr muss der Hund den Schub des Wagens mit dem Zuggeschirr halten.

Die Zug-, Lenk- und Bremsvorrichtung

Um den Wagen zu ziehen, ihn zu lenken und zu bremsen braucht es eine geeignete Zugvorrichtung. Diese besteht aus der **Schere** (oder der Deichsel für die Zweispänneranspannung), mit welcher der Wagen gelenkt und gebremst wird, dem **Ortscheit** und den dort und am Geschirr angebrachten **Zugsträngen,** mit denen der Wagen gezogen wird. Aus praktischen Gründen wird das Ortscheit an der Schere angebracht. So lässt sich beides mit wenigen Handgriffen miteinander vom Wagen lösen.

Die Schere

Die Schere muss so beschaffen sein, dass sie dem Hund eine gute Führung gibt, ihn wenig behindert und ihm größtmögliche Bewegungsfreiheit lässt.
Die Länge der Schere hängt von der Größe des Hundes ab. Sie muss gerade so lang sein, dass der Hund im ausgreifenden Trab nicht mit den Hinterpfoten an das Ortscheit stößt. Sie endet hinter der Schulter des Hundes. Dort sind die Ösen, in die die Trageschlaufen des Rückentragegurtes eingeschnallt werden. Die Enden des Geschirrs werden abgepolstert, damit sie den Hund in den Wendungen nicht drücken.

Die Breite der Schere wird dem Brustkorb des Hundes und dem Wagen angepasst. An der Stelle, an der sie in das Zuggeschirr eingehängt wird, steht sie auf beiden Seiten etwa 2 cm vom Brustkorb des Hundes ab, damit in Wendungen und zur Atmung genug Spielraum bleibt, aber die Schere so viel Halt hat, dass sie nicht hin und her schaukelt.

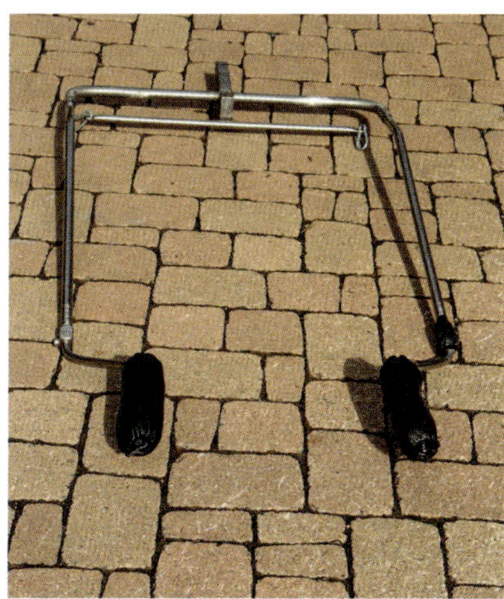

Einspännerschere mit Ortscheit und gepolsterten Enden.

Eine breite kurze Schere ermöglicht dem Hund die größtmögliche Bewegungsfreiheit.

In dieser langen, engen Schere ist der Hund eingezwängt.

Dahinter wird die Schere aufgeweitet, bis sie etwa die Spurbreite des Wagens, der schon allein wegen der Kippsicherheit breit gebaut sein sollte, oder die doppelte Breite des Hundes erreicht hat. Eine Spurbreite von 60 cm ist für einen großen Hund angemessen.

Die Schere wird hinter dem Widerrist in die Trageriemen des Geschirrs geschnallt. Dort ist die tragfähigste Stelle des Hunderückens, um das Gewicht der Schere aufzunehmen. Die Aufweitung braucht der Hund unbedingt, damit er Wendungen entsprechend seiner Anatomie durchführen kann. Der Hund hat durch die kurze Schere die Möglichkeit, die Halswirbelsäule nach links oder rechts zu wenden und mit der Vorhand abzubiegen. Da die Wirbelsäule nach hinten immer weniger beweglich ist, muss es dem Hund ermöglicht werden, mit der Hinterhand entgegengesetzt auszuschwenken.

Oft sieht man Scheren, die über die Vorbrust des Hundes hinausragen und in vielen Fällen keine Aufweitung nach hinten haben. In diesen Scheren haben die Hunde keine Bewegungsfreiheit und können ihren Körper nicht biegen und ausschwenken. Sie sind in diese Schere hineingezwungen.

In den engen, langen Scheren muss der Hund in Wendungen mit den Pfoten übertreten, das heißt, mit der einen Vorder- und Hinterpfote die andere kreuzen, was auf keinen Fall dem natürlichen Bewegungsablauf des Hundes entspricht. Dieses Übertreten auch noch unter Zuglast durchführen zu müssen, ist nicht zumutbar.

Bei manchen Anspannungen mit langen Scheren werden diese im Nackenriemen des Brustblattgeschirrs eingehängt. Das belastet den Hals und behindert die Bewegung der Halswirbelsäule. Es gibt Brustblattgeschirre, bei denen unten am Brustblatt die Riemen zur Aufnahme der Schere hängen. Dadurch hängt die Schere sehr tief, meist auf Höhe des oder unter dem Ellenbogen. Dort findet sie keinen Halt mehr und schlägt bei jeder Bewegung gegen die Ellenbogen. Bei kurzen Scheren ist beides nicht möglich.

Ein weiterer Nachteil einer über den Hund hinausragenden Schere ist das Hängenbleiben oder Anstoßen. Das gibt einen Ruck auf das Geschirr und kann für den Hund schmerzhaft sein. Schmerzhaft kann es auch für den Hundeführer sein, wenn die Enden der Schere ihm von hinten in die Beine stoßen, wenn er den Hund führt.

Kurze, nach hinten aufgeweitete Scheren, die im Rückentragegurt des Geschirrs eingehängt sind, sind langen Scheren vorzuziehen, besonders wenn diese keine Aufweitung nach hinten haben und an anderer Stelle als am Rückentragegurt befestigt sind. Neben dem Komfort für den Hund machen sie das Gespann auch wendiger.

Dort, wo die Schere in die Trageschlaufen eingehängt wird, verläuft sie waagerecht, damit auf den Rückentragegurt durch eine Hebelwirkung kein unnötiger Druck entsteht. Am Wagen wird die Schere mit dem Ortscheit tief angebracht, um die Zugkraft optimal ausnutzen zu können.

Das Übertreten der rechten Gliedmaßen über die linken ist bedingt durch die lange und enge Schere.

Eine Schere, die hinter der Schulter auf Höhe der Mitte des Brustkorbs endet mit gepolsterten Enden, nach hinten aufgeweitet, damit der Hund Bewegungsfreiheit hat, und von unten nach oben gebogen, damit sie waagerecht in den Trageschlaufen liegt. Das bewegliche Ortscheit ist tiefer als die Trageösen angebracht. Der Befestigungspunkt der Zugstränge am Geschirr liegt über dem Schwerpunkt des Hundes.

Aus genannten Gründen wird die Schere in zwei Ebenen gebogen. Zum einen nach außen, damit der Hund die nötige Bewegungsfreiheit in den Wendungen und beim Sitzen und Liegen hat, zum anderen von unten nach oben, damit die Schere waagerecht in die Tragschlaufen gehängt werden kann.

Die Schere muss nach unten und oben so beweglich sein, dass sich der Hund darin hinlegen kann (a) und sie sich zum An- und Ausspannen ganz nach oben klappen lässt (b)

Soll die Schere für verschiedene Hunde verwendet werden, ist es zweckmäßig, wenn sie sich in der Länge und in der Breite verstellen und anpassen lässt. Man kann zwei Metallrohre ineinanderschieben, die sich in der Länge und gleichzeitig durch Drehen in der Weite verstellen lassen.

Für die Fertigung der Schere eignen sich Holz und Metall, wobei Metall deutlich der Vorzug zu geben ist. Holz lässt sich nur bis zu einem bestimmten Grad und sehr aufwändig formen. Metall ist dagegen leicht zu bearbeiten, lässt sich in verschiedene Richtung biegen und in der Länge verstellbar machen, um die Schere optimal der Anatomie des Hundes anzupassen.

Hier werden die Vorteile von Metall deutlich. Man sieht oft schöne von unten nach oben geschwungene Holzscheren, die zugegebenermaßen sehr dekorativ aussehen. Eine Biegung nach außen, die dem Hund die notwendige seitliche Bewegungsfreiheit gibt, ist aber nicht möglich, da sich Holz nur in eine Richtung biegen lässt.

Möchte man unbedingt Holz als Material für seine Schere verwenden, kann man die Befestigung der Schere so hoch am Wagen anbringen, dass sie waagerecht verläuft und die Möglichkeit der Biegung des Holzes nach außen nutzen, um dem Hund in der Schere genug Bewegungsfreiheit zu verschaffen. Idealerweise wird dann das Ortscheit separat tiefer angebracht, um die Zugkraft optimal auszunutzen.

ACHTUNG!

An historischen Wagen in Festumzügen sieht man oft sehr schöne Holzscheren, die von vorne nach hinten gleich schmal sind. Für den Alltags- und Sportgebrauch ist hiervon abzuraten. Der Funktionalität ist gegenüber einer ansprechenden Optik der Vorrang zu geben.

Der Einspännerschere ist besonders viel Beachtung zu schenken, weil sie am häufigsten eingesetzt wird. Im Alltag und bei sportlicher Betätigung ist es unbedingt erforderlich, dass der Hund die Möglichkeit hat, sich in alle Richtungen gut zu bewegen und sich hinlegen oder -setzen zu können sowie seine Zugkraft optimal zu nutzen.

Gerade bei sportlichen Wettbewerben wird eine besondere Beweglichkeit erwartet. Es wäre dem Hund unfair gegenüber, ihn daran mit einer ungeeigneten Anspannung zu hindern oder es ihm zumindest unnötig schwer zu machen. Fehlender Gehorsam oder mangelndes Vertrauen zu seinem Hundeführer darf nicht mit einer Anspannung ausgeglichen werden, die den Hund einzwängt.

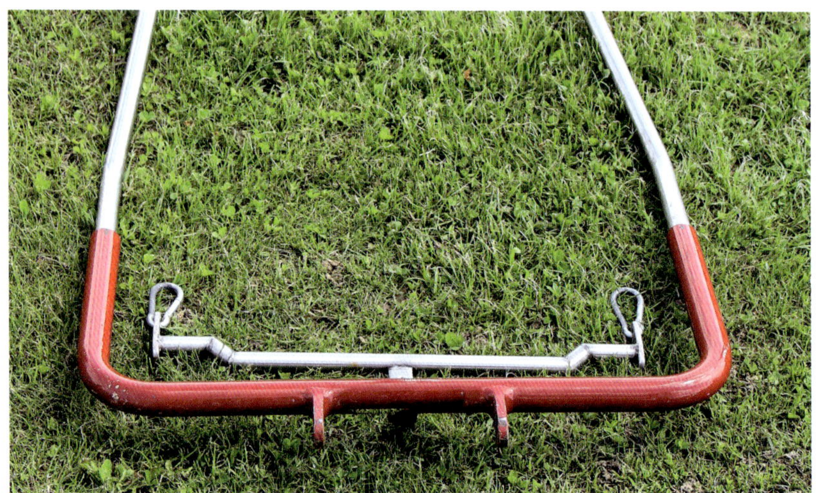

Am Ortscheit werden die Zugstränge angebracht.

Ortscheit

Jede Zugvorrichtung beim Lastenzug ist mit einem möglichst breiten, beweglichen Ortscheit zu versehen. Am Ortscheit werden die Zugstränge angebracht, mit denen der Hund den Wagen zieht. Das Ortscheit schwingt bei jedem Schritt mit, gibt in den Wendungen nach und gleicht Geländeunebenheiten aus. Dadurch wird am Geschirr unnötiger Druck vermieden.

Von Zugvorrichtungen, die über kein Ortscheit verfügen, ist dringend abzuraten. Sie hemmen die Bewegungsfähigkeit des Hundes und verursachen unnötigen Druck auf das Geschirr.

Beim Hundewagen wird in den seltensten Fällen das Ortscheit direkt am Wagen, sondern an der Schere befestigt sein. So kann beides mit wenigen Handgriffen entfernt oder von der Schere zur Deichsel gewechselt werden.

Wird eine Schere verwendet, die waagerecht verläuft, wird das Ortscheit separat tiefer am Wagen angebracht, um dem Hund die optimale Zugkraft zu ermöglichen. Das bewegliche Ortscheit wird der Schere in der Breite angepasst und so unter der Schere befestigt, dass es beim Hin- und Herschwingen nicht an diese stößt. Hier gilt, je breiter, desto besser, damit die Zugstränge den Hund nicht einengen. Würde ein Wagen von einer Maschine gezogen und wäre der Untergrund, auf dem der Wagen gezogen wird, immer ganz glatt, wäre es sinnvoll, die Zuglinie waagerecht verlaufen zu lassen, um eine optimale Zugkraft zu erhalten. Da beim Wagenziehen jedoch kaum auf einem solchen Untergrund gezogen wird, ist es wichtig, das Ortscheit tief am Wagen anzubringen, sodass beim Anziehen die Räder leicht angehoben werden und der Wagen mit weniger Kraft in Bewegung kommt. Das ist besonders auf naturbelassenen Wegen oder auch wenn wir Bordsteine oder Ähnliches überwinden, hilfreich.

Eine Brustblattanspannung ohne bewegliches Ortscheit. Die Schere ist in den Nackenriemen eingehängt und sehr eng. Die Befestigung der Zugstränge am Wagen liegt zu hoch.

Der Hund ist keine Maschine, die ihre Kraft horizontal nach vorne bringt. Beim Anziehen einer Last stemmt sich der Hund gegen das Geschirr. Dazu streckt er den Kopf nach vorne und unten und knickt leicht in der Hinterhand ein. Streckt

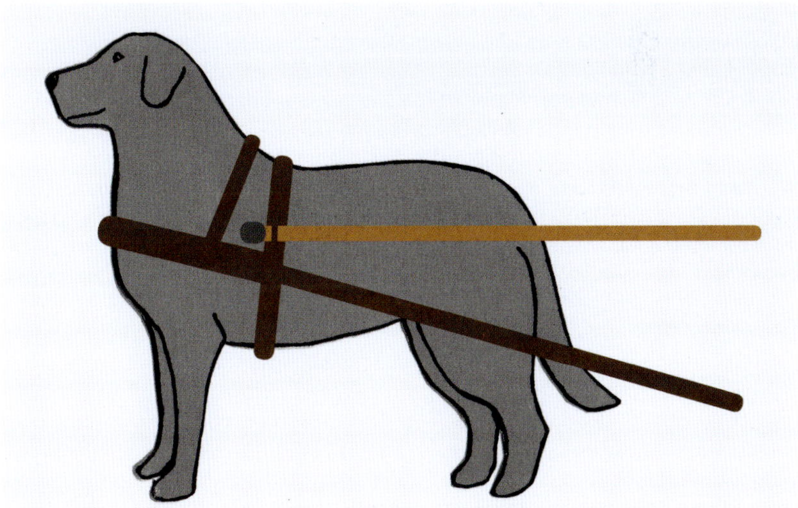

Eine waagerechte Schere mit dem Zugstrang von unten nach oben.

er dann die Hinterbeine, entsteht Schub nach vorwärts aufwärts. Deshalb ist es ideal, wenn die Zugstränge von hinten unten – am Ortscheit – nach vorne oben – am Befestigungspunkt des Geschirrs – verlaufen. Der Zugwinkel, der dabei entsteht, ist abhängig vom Wagen, der Größe des Hundes, der Art des Geschirrs und der Länge der Zugstränge. Ist das Ortscheit gar höher angebracht als der Zugpunkt am Geschirr, so werden die Räder an den Boden gepresst und der Hund muss sehr viel mehr Kraft aufwenden, um den Wagen zu bewegen.

WICHTIG!

Um den Wagen zu ziehen, benötigt der Hund die Zugkraft. Mit ihr wird der Zugwiderstand überwunden. Genauer gesagt, nutzt der Hund seine Schubkraft, weil er sich beim Ziehen in das Geschirr stemmt. Die Schubkraft wird über das Geschirr und die Zugstränge in die Zugkraft verwandelt.

Als Zugkraft bezeichnet man die Kraft, die vom Befestigungspunkt des Wagens am Ortscheit zum Zugpunkt am Zuggeschirr des Hundes wirkt, also die Kraft, mit der der Wagen gezogen wird.
Der Zugwiderstand hängt ab von der Steigung, vom Rollwiderstand, dem Gewicht des Wagens und der Bodenbeschaffenheit. Je höher der Zugwiderstand ist, also je steiler der Berg, je weicher und unebener der Boden und je schwerer der Wagen, desto mehr Zugkraft muss der Hund aufwenden.

Anziehen am Berg: Der Hund senkt den Kopf, stemmt sich in das Geschirr und schiebt vorwärts aufwärts, indem er mit der Hinterhand einknickt.

Die meiste Kraft benötigt der Hund beim Anziehen des Wagens. Ein rollender Wagen benötigt weniger Kraft. Unebener und schwerer Boden macht aber immer wieder ein erneutes Anziehen notwendig. Um ermessen zu können, wie viel Zugkraft bei unterschiedlichen Bodenbeschaffenheiten notwendig ist, empfiehlt es sich, den Wagen selbst einmal über eine längere Strecke zu ziehen.

Die Zugstränge

Die Zugstränge sind am Geschirr befestigt und am beweglichen Ortscheit eingehängt. Mit ihnen wird der Wagen gezogen. Die Länge der Zugstränge wird an die Größe des Hundes und die Länge der Schere angepasst und so eingestellt, dass der Hund mit den Hinterbeinen in keiner Gangart an das bewegliche Ortscheit schlägt. Allerdings dürfen die Zugstränge auch nicht zu lang sein, damit die ideale Zugkraft ausgenutzt werden kann.

Liegt der Befestigungspunkt der Zugstränge am Geschirr über dem Schwerpunkt des Hundes, kann der Hund mehr Kraft einsetzen. Das hängt jedoch vom verwendeten Geschirr ab. Je weiter vorne und höher der Zugpunkt am Geschirr liegt, umso größer ist die Zugkraft.

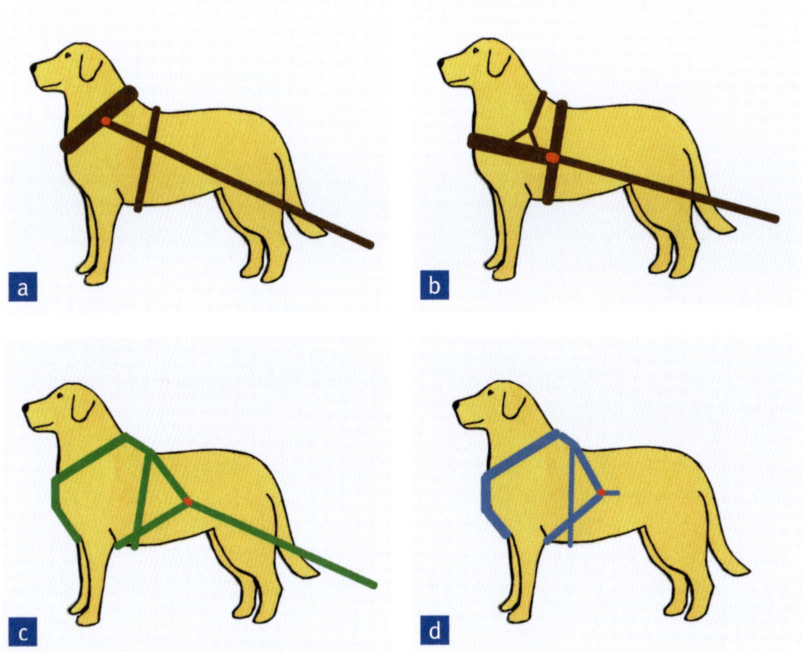

Zugpunkte (rot markiert) beim Kragengeschirr (a), Brustblattgeschirr (b), Pulmetgeschirr (c) und Pulkageschirr (d).

Eine gerade, ungebrochene Zuglinie. Das Ortscheit ist an der Schere befestigt. Die Schere ist kurz und nach oben und außen gebogen. Aber der Befestigungspunkt der Zugstränge am Brustblattgeschirr liegt unter dem Schwerpunkt des Hundes.

Idealerweise führen die Zugstränge unten vom Ortscheit nach oben an das Geschirr. Die Wirkung des dabei entstehenden Zugwinkels ist beim Ortscheit beschrieben.

Bei der Einspänneranspannung ist darauf zu achten, dass der Hund nicht mit der Schere zieht. Das kann passieren, wenn die Zugstränge zu lang eingestellt sind und der Hund so weit nach vorne gehen kann, dass er mit den Trageschlaufen an der Schere zieht. Sind die Zugstränge zu kurz, bremst der Hund mit den Trageschlaufen der Schere. Während des Zuges müssen die Zugstränge gespannt sein. Man sieht dann auch die Bewegung des Ortscheites. Steht der Hund, hängen die Zugstränge leicht durch.

Die Zugstränge müssen unbedingt in einer geraden, ungebrochenen Linie vom Ortscheit zum Geschirr verlaufen. Ist diese Linie gebrochen, werden Druck und Zug nicht an die Brust und die Schulter weitergegeben, sondern auf den Rücken geleitet. Dies belastet den Hund unnötig, besonders wenn er schwere Lasten zieht. Die Zugkraft des Hundes wird deutlich gemindert.

Für einen Bruch der Zuglinie können ein zu kurzer Trageriemen des Rückengurtes oder ein eventuell vorhandener Aufhalteriemen der Zugstränge, der über dem Rücken des Hundes liegt und ein Durchhängen der Zugstränge verhindert, sorgen.

Zugstranghalter, die verhindern sollen, dass der Zugstrang zu tief hängt und der Hund mit der Hinterhand darüber tritt, sind ein entbehrliches Geschirrteil und ich sehe keinen großen Nutzen darin, sondern eher eine Belastung für den Hund.

Gebrochene Zuglinie durch zu kurzen Tragegurt. Druck wird auf Rückentragegurt geleitet.

Gebrochene Zuglinie durch zu kurzen Zugstranghalter. Druck wird auf Gurt des Zugstranghalters geleitet.

Zugstangen

Um mit Schlittenhunden in schneearmen Zeiten und Gegenden zu fahren, wurden Trainingswagen entwickelt, damit die Kondition der Hunde aufgebaut und sie ganzjährig trainiert werden konnten. Wagen müssen, im Gegensatz zu Schlitten, mit einer Lenkvorrichtung ausgestattet sein. Damit die Hunde im Trab und vor allem im Galopp nicht belastet werden, werden Zugstangen (Zugbügel) aus

Um dem Hund mehr Komfort beim Anziehen des Wagens zu geben, können zwischen Zugstrang und Ortscheit kleine Federn angebracht werden, die den Ruck beim Anzug dämpfen. Diese Federn sind im Fachhandel als Ruckdämpfer für Hundeleinen erhältlich.

Weil die Stange zu eng ist, taucht der Hund kurzerhand darunter durch, um sich Raum zu verschaffen.

Aluminium verwendet, die sehr leicht sind. Der Wagen wird vom Hundeführer, der auf dem Wagen aufsitzt, gelenkt. Die Hunde sind in Zugstangen am Wagen leichter kontrollier- und lenkbar als an Zugseilen, mit denen die Schlitten gezogen werden. Sie verhindern plötzliche Richtungswechsel der Hunde und ein Auflaufen des Wagens. Mit den Trainingswagen werden in schneller Geschwindigkeit lange Strecken – meist geradeaus – gefahren.

Die Zugstangen enden an der Schulter des Hundes und haben von vorne bis hinten die gleiche Weite. Der Bügel gibt den leichten Stangen Stabilität. Mit den Zugstangen wird ohne Ortscheit und ohne Zugstränge gefahren. Somit ist ein Schrittausgleich nicht möglich. Gezogen wird mit der Stange. Dadurch, dass die Stangen sehr eng sind, hat der Hund kaum Bewegungsmöglichkeit und ist gezwungen, in Wendungen mit den äußeren Pfoten über die inneren zu treten. Dies entspricht nicht dem natürlichen Bewegungsablauf eines Hundes.

Gegen Aluminiumstangen mit Bügel, die nach hinten aufgeweitet und mit einem Ortscheit versehen sind, ist nichts einzuwenden, wenn mit Zugsträngen gezogen wird. Der Bügel kann beim Anlernen junger Hunde durchaus hilfreich sein, weil der Mensch die Zugvorrichtung halten und führen kann. Den Gehorsam am Wagen darf er jedoch nicht ersetzen.

Zugvorrichtungen aus dem Schlittenhundesport sind für den Lastenzug und für die Alltags- und Geschicklichkeitsverwendung wenig geeignet.

Der Wagen

Bei der Anspannung von Hunden wird auf den Wagen ein besonderes Augenmerk gerichtet. Bevorzugt werden hier nostalgische Karren, weil sie an vergangene Zeiten erinnern, als Wagenziehen noch zu den Aufgaben von Hunden gehörte. Dekoriert mit entsprechenden handwerklichen oder bäuerlichen Gerätschaften, geben sie ein schönes Bild ab. Für einen Festzug und Schaudarbietungen können diese Wagen durchaus einmal verwendet werden, für den Alltag oder den Sport sind sie eher weniger geeignet, weil sie wegen veralteter Technik nicht den notwendigen Komfort bieten.

Die Wagen haben meist schwere und schwergängige Räder mit Eisen- oder Gummibereifung. Diese Räder machen den Wagen unnötig schwer, sinken leichter in den Boden ein und federn den Wagen nicht ab, wie es bei einem luftbereiften Wagen der Fall ist.
Gebräuchlich sind als historische Wagen Leiterwagen, die ursprünglich als Handwagen gebaut und dann mit einer Zugvorrichtung für Hunde versehen werden. Bei diesen Wagen laufen in der Regel die Vorderräder nicht unter dem Wagen durch, sodass der Wagen einen sehr großen Wendekreis hat. Bei engen Wendungen blockieren die Räder, weil sie am Wagen anstehen. Mit handwerklichem Geschick können diese Wagen mit modernen, luftbereiften Leichtlaufrädern versehen und der Boden kann höher gesetzt werden, damit die Räder unter den Wagen passen und mit ihm enge Wendungen gefahren werden können.

Die Bereifung

Um Hunde hundegerecht anzuspannen, sollte man ein wenig über physikalische Gesetze Bescheid wissen. Wirken sich Geschirr und Zugvorrichtung am meisten auf den Hundekörper aus, so müssen beim Wagen doch einige Dinge beachtet werden, die es dem Hund leichter machen können, diesen zu ziehen. Besonders den Rädern ist Beachtung zu schenken, denn sie bedingen den Rollwiderstand, der sich wiederum auf die aufzuwendende Kraft des Hundes auswirkt und es dem Hund schwerer oder leichter macht, den Wagen fortzubewegen.
Der Rollwiderstand wird von Reifendruck, Reifendurchmesser, Reifenbreite und Reifenprofil beeinflusst. Er wirkt sich je nach gefahrenem Untergrund und dem Gewicht des Wagens unterschiedlich aus.
Nostalgische Wagen haben meist große, schmale Räder, die gummi- oder eisenbereift sind. Diese großen Räder haben auf glattem Belag einen geringen Rollwiderstand, in natürlichem Boden sinken sie jedoch tief ein und bieten durch ihre Härte wenig Komfort.

a

b

Ein alter Leiterwagen – vor (a) und nach (b) dem Umbau:
Bei diesem alten Leiterwagen wurden die sehr schweren Metallscheibenräder durch kugelgelagerte Speichenräder (12 Zoll) ausgetauscht und der Boden des Wagens höher gesetzt, damit die Räder beim Wenden unter den Wagen laufen können. Der Wagen ist dadurch wendiger und läuft viel leichter und ruhiger.

Bollerwagen haben kleine, breite, luftbefüllte Reifen. Kleine Räder haben auf jedem Untergrund einen höheren Rollwiderstand als große. In weichem Boden sinken breite Räder weniger ein als schmale. Oft sind bei Bollerwagen die Räder nicht kugelgelagert, sodass die Wagen schwer laufen.

Andere Hundewagen sind mit unterschiedlichen Rädern ausgestattet. Normalerweise wählt man heute luftbereifte Räder, je nach Wagengröße mit 12 bis 20 Zoll, wie sie für Fahrräder benutzt werden. Auf glattem Straßenbelag laufen große, schmale Räder mit hohem Luftdruck sehr leicht.
Für weichen Boden und Schotterwege wären breitere Reifen mit weniger Luftdruck geeigneter, weil sie sich Unebenheiten besser anpassen, weniger einsinken und dadurch weniger Rollwiderstand haben. Der Luftdruck dieser Räder lässt sich je nach Bodenbeschaffenheit und Gewicht des Wagens regulieren. Ein gutes Radlager begünstigt den Leichtlauf des Wagens.

In der Regel rollen feine Profile leichter als grobe. Hohe Stollen und große Zwischenräume wirken sich meist ungünstig auf den Rollwiderstand aus.

Selbstverständlich spielt auch das Gewicht des Wagens eine Rolle. Ein schwerer Wagen sinkt in weicherem Boden mehr ein als ein leichter Wagen und hat dadurch einen höheren Rollwiderstand.

Die Größe

Der Wagen sollte in Größe und Gewicht dem Hund angepasst sein. Die ideale Größe ergibt sich daraus, wie harmonisch der Hund und der Wagen zusammenpassen. Ein tiefer Schwerpunkt ist wegen der Kippsicherheit von Vorteil. Das Gewicht des Wagens kann etwa Dreiviertel des Körpergewichts betragen. Ein 40 Kilogramm schwerer Hund könnte also einen Wagen von 30 Kilogramm Gewicht – ohne Beladung – ziehen. Zu leichte Wagen liegen nicht gut auf der Straße und neigen in unebenem Gelände dazu, den Bodenkontakt zu verlieren. Diese Unruhe kommt beim Hundekörper über die Zugvorrichtung an.

NICHT GEEIGNET!

Von der Verwendung einachsiger Wagen ist unbedingt abzuraten. Diese sind zwar leichter zu lenken, aber ihr Gewicht muss so ausbalanciert werden, dass der Wagen nicht nach vorne kippt und die Last dem Hund auf den Rücken drückt, aber auch nicht nach hinten und den Hund nach oben zieht. Der Rücken des Hundes ist nicht so tragfähig wie der des Pferdes. Allenfalls kann ein zweirädriger Wagen, der nicht beladen und gut ausbalanciert ist, verwendet werden, um beim ersten Anspannen den Hund an Schere und Wagen zu gewöhnen.

Das Fahrgestell

Das Fahrgestell des Wagens muss stabil und gut verarbeitet sein, da es im Gelände und mit Ladung erheblicher Belastung ausgesetzt ist.

Die Vorderräder können entweder über eine Achsschenkel-Lenkung oder eine Drehkranz- oder Drehscheiben-Lenkung gelenkt werden. Die Achsschenkel-Lenkung ist kippsicherer, die Drehkranzlenkung ermöglicht ein Wenden auf der Stelle. Je größer der Durchmesser des Drehkranzes ist, desto kippsicherer ist der Wagen. Auf jeden Fall ist darauf zu achten, dass mit dem Wagen enge Wendungen gefahren werden können.

Ein Bollerwagen mit Achsschenkel-Lenkung.

Ein Leiterwagen mit Drehscheiben-Lenkung.

Beleuchtung vorne.

Rücklichter und Reflektoren.

Bremse und Beleuchtung

Den Wagen mit einer Feststellbremse zu versehen, ist sicher von Vorteil. Gerade beim Anspannen auf abschüssigen Wegen kann so der Wagen fixiert werden. Durch die angezogene Bremse den Hund daran zu hindern, einfach loszuziehen, wird kaum gelingen. Dazu bedarf es unbedingt des nötigen Gehorsams.

Pferdekutschen haben eine Fußbremse, um den Wagen während der Fahrt abzubremsen, und manche zusätzlich eine Kurbelbremse, um den stehenden Wagen am Rollen zu hindern, wenn der Kutscher nicht darauf sitzt. Der Hundewagen wird am besten mit einer Kurbelbremse versehen. Bei der Bergabfahrt lässt sich die Bremse dosiert einstellen, sodass der Wagen noch rollt, aber nicht zu schnell wird und den Hund schiebt. Auch wenn der Hund mit dem Hintergeschirr den Wagen selbst bremsen kann, sollte ihm unbedingt diese Hilfestellung gegeben werden, vor allen Dingen bei längeren Bergabfahrten.

Ein mit Reflektoren ausgestatteter Wagen erhöht die Sicherheit des Gespannes. Für Fahrten in der Dämmerung oder Dunkelheit kann am Wagen eine Beleuchtungseinrichtung angebracht werden. Diese gibt es batteriebetrieben im Fahrradbedarf.

Die verschiedenen Varianten

Wer als Anfänger im Wagenziehen zuerst einmal eine kostengünstige Variante eines Wagens ausprobieren möchte, kann sich an einen Bollerwagen eine passende Schere anbringen lassen. Auf die Dauer ist dann aber zu überlegen, ob man sich nicht einen geeigneteren Wagen baut oder kauft.

Wagner, die Hundewagen bauen, gibt es nur noch sehr wenige. Um einen Hundewagen selbst zu bauen, braucht es einiges an Geschick und die notwendigen Werkzeuge. Historische Handwagen können auch zu guten Hundewagen umgebaut und dabei das nostalgische Aussehen mit moderner Technik verbunden werden.

Ein Bollerwagen zum „Ausprobieren“.

Historischer Hundewagen (Nachbau) eines Schweizer Herstellers mit Kurbelbremse und gummibereiften Rädern.

Wagen eines deutschen Herstellers mit Kurbelbremse und 16-Zoll-Rädern.

Wagen Eigenbau aus Edelstahl mit Kurbelbremse und 20-Zoll-Rädern.

Wagen Eigenbau aus Holz und Metall mit 12-Zoll-Rädern (Bauanleitung wie folgt).

Bauanleitung für den abgebildeten Wagen

Material:

- Vierkantstahlrohr (20 x 20 x 2 mm) für Rahmen und Aufnahme für Zugvorrichtung
- Vierkantstahlrohr (15 x 15 x 1,5 mm) für Achstunnel und Aufnahme für Zugvorrichtung
- Vierkantstahlrohr (40 x 25 x 2 mm) für Befestigung Zugvorrichtung
- 2 Stahlscheiben für Drehkranz Ø 10 cm
- 3 Holzbretter für Boden L 85 cm, ca. 16 mm stark
- 4 Holme Leiter je 2 x L 90, je 2 x L 85 (25 x 30 mm)
- 2 Querholme (25 x 30 mm), Länge anpassen
- 16 Sprossen 13,5 cm bzw. 15 cm lang (20 x 10 mm)
- 4 x Beschlag (Metallband) für Querholme (15 x 1,5 mm), L ca. 23 cm
- 4 Splinte für Querholme Ø 10 cm
- 4 Räder 12 Zoll mit Achsen (61,6 cm)
- 6 Schrauben mit Muttern für Holzboden
- 1 Schraube mit Mutter Drehkranz
- 2 Muttern Achse (M12)
- 4 Kunststoffstopfen
- Holzlasur
- Metall-Lack

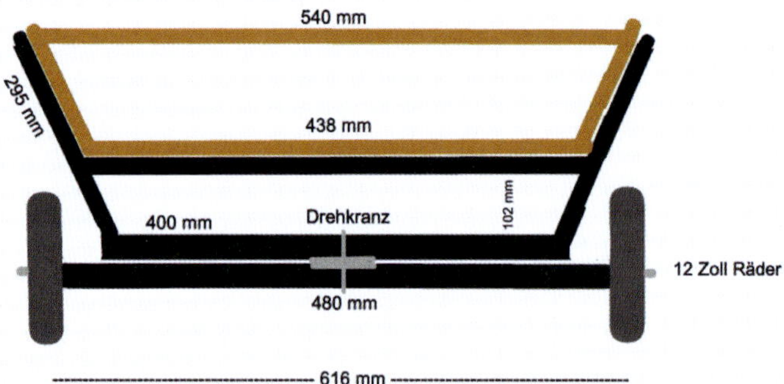

Wagen von vorne.

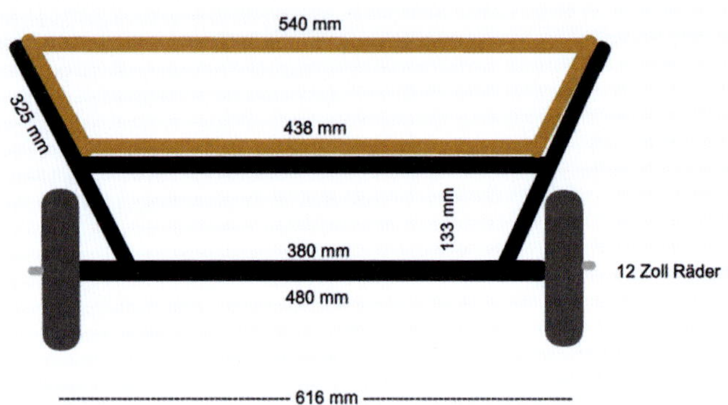

Wagen von hinten.

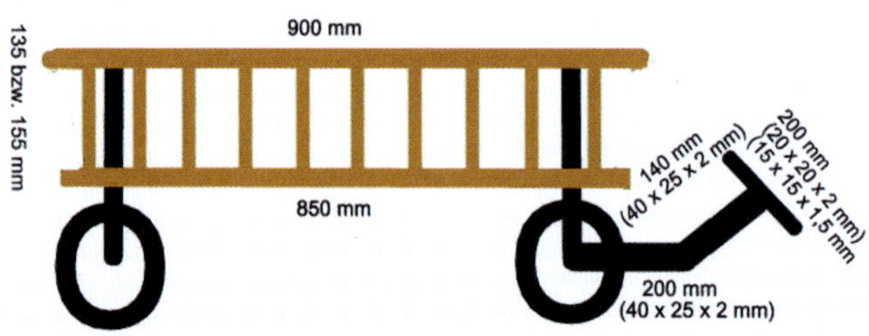

Wagen von der Seite.

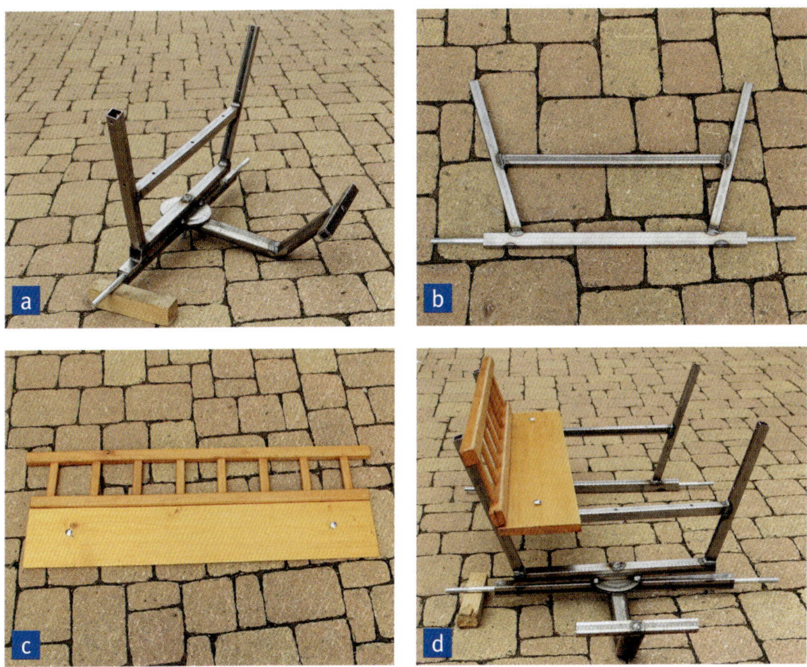

a: Rahmen vorne mit Achse, Drehscheibe und Aufnahme für die Zugvorrichtung
b: Rahmen hinten mit Achse
c: Bodenbrett und Leiter
d: Leiter auf Bodenbrett aufgesetzt

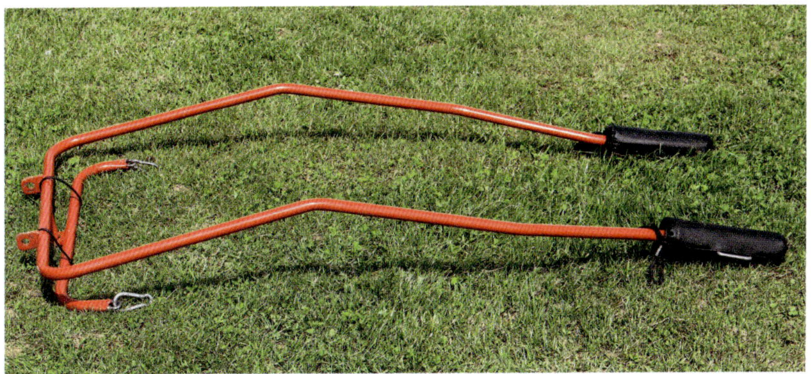

Passende Schere: Stahlrohr (Ø 18), Polster (Isolierung Heizungsrohr mit Lederüberzug), Schraube zur Befestigung des Ortscheits (40 mm unterhalb der Schere), Bolzen (280 mm) mit Ring und Splint für Befestigung der Schere am Wagen.

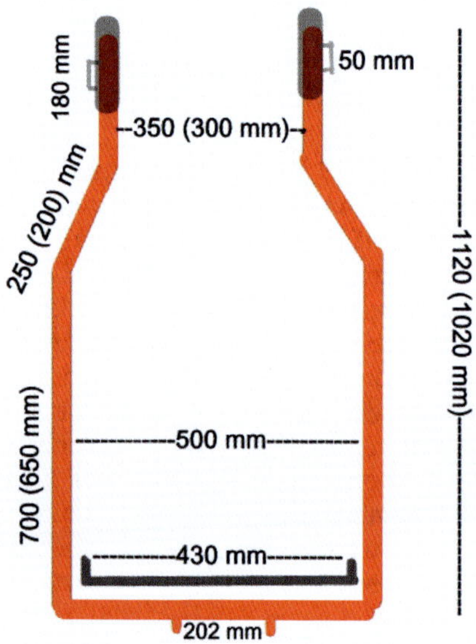

Bemaßung der Schere:
Zirka-Maße für großen Hund (58-68 cm).
Zirka-Maße in Klammern für mittelgroßen Hund (48-58 cm).
350 (300) mm abhängig von der Brustbreite des Hundes (links und rechts 2 cm Abstand).
Winkel, in dem die Schere in der Höhe gebogen wird, ergibt sich aus der Befestigung der Schere am Wagen (250 mm) und der Größe des Hundes (Höhe der Trageschlaufe des Geschirrs) passend machen.

Der Zweispänner

Zwei gut gefahrene Hunde, die sich leiden mögen und von Größe, Gangwerk und Leistungsfähigkeit zueinander passen, können zusammen angespannt werden. Dann steht einer Zweispännerfahrt nichts im Wege.
Welcher Hund besser links oder rechts angespannt wird, muss man ausprobieren. Vorteilhaft ist sicher, wenn der „Bestimmendere" direkt beim Hundeführer, also links, geht.
Einen jungen, unerfahrenen Hund einfach zu einem älteren, erfahrenen dazu zu spannen, ist kein guter Ratschlag. Schon kleine Seitenblicke des „Großen" können den „Kleinen" einschüchtern. Das darf nicht unterschätzt werden. So kann

es passieren, dass dem jungen Hund das Ziehen verleidet wird, weil er sich an der Seite seines Partners nicht wohlfühlt. Für den geübten Hund ist es auch nicht angenehm, wenn der Neue neben ihm unvermittelt stoppt oder seitlich ausbricht, weil er noch unsicher ist.

Der junge Hund muss das Anspannen und Ziehen erst in aller Ruhe ganz allein am Einspännerwagen lernen. Nur da kann voll und ganz auf ihn eingegangen und der Lernfortschritt genau auf ihn abstimmen werden.

Um den Neuling an den Wagen zu gewöhnen und ihn mit dem Wagenziehen vertraut zu machen, darf er selbstverständlich unangespannt nebenher laufen.

Einen Zweispänner zu führen erfordert guten Gehorsam der Hunde und noch mehr Umsicht des Hundeführers. Beide Hunde müssen auf dieselben Kommandos hören und diese auch unverzüglich ausführen.

Reagiert ein Hund auf das Haltsignal und der andere geht weiter, wird der gehorsame Hund mitgezogen. Folgt ein Hund den Richtungswechseln seines Hundeführers und der andere folgt nicht, passiert dasselbe. Dadurch kann dem führigen Hund die Zugfreude vergehen.

Muss ein Hund schon traben, während der andere noch Schritt geht, oder hat ein Hund einen so ausgreifenden und schnellen Trab, dass der andere Hund bereits galoppieren muss, ergibt sich kein einheitliches Bild.

Es braucht einige Übung und zwei zusammen passende Hunde, bis ein Gespann harmonisch ist und im Gleichklang gehen kann. Aber dann ist geteilte Freude doppelte Freude.

Ein harmonischer Zweispänner – die Hunde passen in Größe und Gangwerk zusammen und verstehen sich gut.

Zweispänner mit Brustblattanspannung und Hintergeschirr.

Ausrüstung für den Zweispännerwagen

Am Wagen werden eine feststehende Zweispännerdeichsel und eine Spielwaage mit zwei Ortscheiten angebracht. Am Kragen- und Brustblattgeschirr sind Ringe für die Aufhalteriemen oder -ketten (Aufhalter) vorne links und rechts befestigt. So können die Geschirre sowohl an der linken als auch an der rechten Position am Wagen verwendet werden.

Feststehende Deichsel mit beweglicher Spielwaage und zwei beweglichen Ortscheiten. Vorne befinden sich die Ösen für die Aufhalteriemen oder -ketten.

Beim Brustblatt tritt der Nachteil auf, dass sich das Geschirr verschiebt und Richtung Deichsel gezogen wird, wenn der Hund nach links bzw. rechts zieht oder bremst. Somit liegt es nicht mehr korrekt an der Brust an. Das passiert beim Kragengeschirr nicht. Mit der Deichsel und den daran und am Geschirr befestigten Aufhaltern wird der Wagen gelenkt und gebremst.

Die Deichsel für den Zweispänner besteht aus einem einzigen Holm, der am Wagen befestigt wird. Sie muss vorne deutlich über die Vorbrust der Hunde hinausragen, damit sie sich an deren Ende nicht stoßen können. Die

Aufhalter verhindern, dass der Wagen beim Bremsen oder bergab in die Hinterläufe der Hunde laufen kann. Die Deichsel muss so lang sein, dass die Hunde im Trab auch beim Bremsen nicht mit den Hinterpfoten am Ortscheit anstoßen.

Spielwaage oben an der Deichsel angebracht.

Wie bei der Einspänneranspannung wird bei der Deichsel die Spielwaage mit den Ortscheiten tief am Wagen angebracht, um den Hunden den Anzug zu erleichtern und die Zugkraft von unten nach oben zu ermöglichen. Um Deichsel und Ortscheite in einem Handgriff vom Wagen zu entfernen, ist es sinnvoll, die Spielwaage mit den Ortscheiten an ihr zu befestigen. Sie kann aber auch unabhängig von der Deichsel direkt am Wagen befestigt werden.

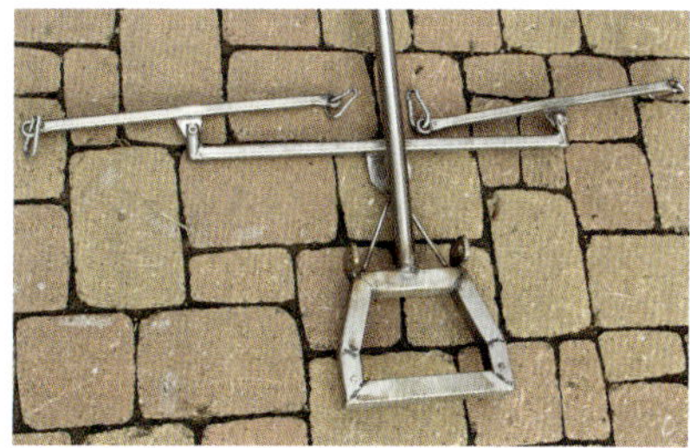

Spielwaage unten an der Deichsel angebracht.

Die beweglichen Ortscheite sind auch am Zweispänner unerlässlich, da sie einen Schrittausgleich ermöglichen. Hier sind nicht nur die jeweiligen Ortscheite des einzelnen Hundes beweglich, sondern die Spielwaage, an der dieselben befestigt sind. Die Spielwaage ermöglicht in den Wendungen dem äußeren Hund einen größeren Bogen zu laufen als der innere. Ebenso kann ein Hund weiter nach vorne gehen als der andere. Ziehen beide Hunde sehr unterschiedlich, kann die Spielwaage, an der die Ortscheite befestigt sind, in ihrer Bewegung mittels einer Kette eingeschränkt werden. So wird der stärker ziehende Hund daran gehindert, zu weit nach vorne zu gehen.

Die Deichsel wird, im Gegensatz zur beweglichen Schere, gegen ein Absinken nach unten gesichert, weil ihre Last nicht von den Hunden getragen werden kann. In der Höhe wird sie der Größe der jeweiligen Hunde angepasst und so eingestellt, dass sie vorne etwas höher liegt als der Ellenbogen des Hundes.

Die Aufhalter müssen so lang sein, dass die Hunde nicht zur Deichsel hin gezogen werden und in gerader Richtung laufen können. Sind sie zu lang, können die Hunde zu weit nach außen laufen und beim Bremsen läuft der Wagen in die Hinterhand. Sie müssen den Hunden noch ermöglichen sich hinzulegen.

Die am Geschirr angebrachten Aufhalter bremsen den Wagen. Dabei wird das Geschirr – Brustblatt oder Kragen – nach vorne gezogen. Um dies zu verhindern und das Geschirr in seiner Position zu halten, verwendet man Hintergeschirre. Diese werden seitlich in die Ringe zwischen Rücken- und Bauchgurt eingehängt und halten damit das Zuggeschirr in Position.

Auch beim Zweispänner müssen sich die Hunde hinlegen können.

Ideal ist eine Deichsel, die in der Länge und Höhe verstellt werden kann. So kann sie für Hunde unterschiedlicher Größe verwendet werden. Für Hunde mit 60 bis 70 cm Widerristhöhe ist eine Deichsel mit etwa 130 bis 140 cm Länge passend, bei langgestreckten Hunden entsprechend mehr, bei kleineren Hunden entsprechend weniger.

Ist die Deichsel zu lang, ist das Gespann weniger wendig und die Zugkraft nicht mehr optimal; ist sie zu kurz, besteht die Gefahr, dass die Hunde mit den Hinterläufen gegen das Ortscheit schlagen oder beim Bremsen der Wagen in die Hinterhand läuft.

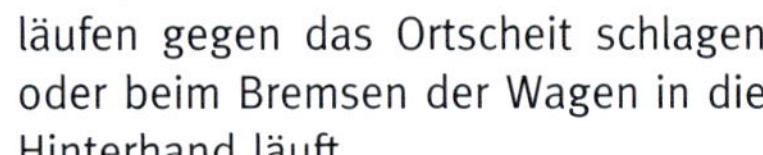

Für die Fertigung der Deichsel eignen sich Holz und Metall. Soll die Deichsel in der Länge verstellbar sein, werden zwei Metallrohre ineinander geschoben und mit einer Schraube fixiert. In der Höhe kann die Deichsel mittels einer Stellschraube eingestellt werden.

Hintergeschirr des Zweispänners.

Anspannen und Fahren

Mit der ersten Gewöhnung des Hundes an Geschirr und Wagen kann bereits im Alter von etwa neun Monaten begonnen werden. Erforderlich hierzu sind eine vertrauensvolle Mensch-Hund-Beziehung, ein guter Grundgehorsam des Hundes und eine gewisse Ruhe auf beiden Seiten.
Für das Wagenziehen unter Belastung – gemeint sind damit das Gewicht des Wagens selbst, unebene Untergründe, Steigungen oder längere Strecken – gedulden Sie sich, bis der Hund ausgewachsen ist. Je nach Rasse und Entwicklungsstand wird das mit etwa eineinhalb bis zwei Jahren der Fall sein.

Gewöhnung an den Wagen

Vor dem ersten Anspannen machen Sie sich am besten mit allen Geschirrteilen, der Zugvorrichtung und dem Wagen vertraut. Das Anlegen des Geschirrs und die Einstellung desselben können Sie immer wieder üben, ohne den Hund vor den Wagen zu spannen. Erst wenn Sie sicher in der Handhabung sind, spannen Sie Ihren Hund an. Gerade bei einem Hund, der das Wagenziehen erst lernen muss, muss das Anspannen ruhig und souverän vonstatten gehen. Die eigene Nervosität überträgt sich auf den Hund und das verspricht keinen guten Start.
Ziehen Sie den Wagen einmal selbst, um zu erfahren, wie er sich auf den unterschiedlichsten Bodenbeschaffenheiten verhält. Stellen Sie sich dazu in die Schere, lassen die Arme hängen, greifen das Ende der Holme und gehen Sie los.

Zuerst sollte man einmal selbst erfahren, wie das Ziehen eines Wagens ist.

Sie werden merken, wie leicht er auf Asphalt läuft und wie schwer auf einem holprigen Feldweg oder einer Wiese. Machen Sie Wendungen, gehen Sie um Hindernisse herum, um selbst zu erfahren, wie weit sie ausholen müssen, um nicht hängen zu bleiben.

Wählen Sie für das erste Anspannen eine ablenkungsarme Umgebung und nehmen Sie einen erfahrenen Helfer hinzu. Noch besser, Sie haben die Möglichkeit, unter fachkundiger Anleitung anzuspannen. Selbst ein vertrauensvoller, gut erzogener Hund kann plötzlich unerwartet reagieren, wenn er die Schere und den Wagen noch nicht kennt. Da kann man allein schnell in Schwierigkeiten geraten.

HINWEIS!

Oft wird geraten, die Hunde als Vorübung für das Wagenziehen einen Reifen ziehen zu lassen, um ihn an den Zug zu gewöhnen. Die Erfahrung hat gezeigt, dass dies bei den meis-ten Hunden nicht erforderlich ist. Hunde haben keine Schwierigkeiten mit dem Ziehen an sich, sondern mit der Bewegungseinschränkung, die sie durch die Zugvorrichtung und den Wagen erfahren. Die Gewöhnung an das Zuggeschirr ist meist problemlos. Viele Hunde sind bereits Führgeschirre und dadurch das Anlegen derselben gewohnt. Ein Hund, der seinem Menschen vertraut, wird sich mit viel Ruhe und Geduld auch vor den Wagen spannen lassen. Für das erste Einfahren – und nur dafür – eignen sich gut zweirädrige Wagen, da sie jeder Bewegung des Hundes folgen.

Bevor Sie Ihren Hund das erste Mal anspannen, lassen Sie ihn den Wagen erkunden. Er darf ihn beschnüffeln, über die Schere steigen, vielleicht auch auf den Wagen. Führen Sie ihn neben einem bereits angespannten Hund her oder ziehen den Wagen selbst, damit er die Geräusche gewöhnt wird.

Leckerlisuche – und schon geht das Einsteigen in die Schere von ganz allein.

Üben Sie mit dem Hund ein Steh-Kommando und fahren mit dem Wagen vorsichtig von hinten an ihn heran, ohne ihn damit zu berühren. Lassen Sie ihn in der Schere stehen, sitzen und liegen, ohne ihn daran fest zu machen. Unterstützen Sie ihn mit viel Lob und Belohnung. So gewinnt der Hund Vertrauen zu Wagen und Zugvorrichtung.

Das richtige Anspannen

Zur Anspannung gehören: das Geschirr mit Zugsträngen, das Hintergeschirr, die Zugvorrichtung (Schere für Einspänner, Deichsel für Zweispänner, jeweils mit Ortscheiten) und der Wagen.

Das richtige Anspannen erfolgt wie hier beschrieben:

- Streifen Sie dem Hund den Trageriemen (beim Brustblattgeschirr auch den Nackenriemen) über den Kopf. Beim Kragengeschirr schließen Sie den Riemen im Nacken, dann schließen Sie den Bauchgurt. Überprüfen Sie den richtigen Sitz des Geschirrs.

Anspannen: a) Schere langsam herunter lassen; b) Schließen des Bauchgurts; c) Einhängen der Zugstränge; d) Anlegen des Hintergeschirrs; e) Überprüfen der Anspannung.

- Gehen Sie mit dem Hund zum Wagen und stellen ihn so hin, dass Sie oder ein Helfer die Schere langsam herunterlassen und die Trageschlaufen des Geschirrs in die Trageösen der Schere schnallen können. Sie können dem Hund auch beibringen, ruhig zu stehen, sodass Sie von hinten mit dem Wagen an ihn heranfahren können. Hängen Sie die Zugstränge in das bewegliche Ortscheit ein und überprüfen die Länge der Stränge.
- Für geübte Hunde können Sie die Trageschlaufen des Geschirrs bereits vor dem Anspannen an der Schere befestigen. Stellen Sie den Hund vor den Wagen, lassen vorsichtig die Schere herunter und streifen ihm den Rückentrageriemen über den Kopf. Jetzt müssen Sie nur noch die Gurte schließen und die Zugstränge befestigen.
- Legen Sie den Rückengurt des Hintergeschirrs vor die Kruppe des Hundes und den Hintergurt etwa eine Handbreit unter die Rute. Der Hintergurt darf nicht fest am Hund anliegen, aber auch nicht nach unten hängen. Hängen Sie das Hintergeschirr mittels eines Karabiners in die Ösen der Schere, in der auch die Trageschlaufen des Geschirrs befestigt sind.

Überprüfen Sie bei **jedem** Anspannen, ob alle Geschirrteile und die Zugstränge richtig eingestellt sind. Ebenso müssen Sie den Wagen auf seine Fahrtüchtigkeit überprüfen und vor allem darauf achten, dass alle Schrauben festgezogen sind und bei Luftbereifung die Räder genügend Luft haben.

AUSSPANNEN

Beim Ausspannen gehen Sie in umgekehrter Reihenfolge vor wie beim Anspannen:
Lösen und entfernen Sie das Hintergeschirr, haken Sie die Zugstränge am Ortscheit aus, schnallen Sie das Geschirr aus den Trageösen, heben Sie die Schere vorsichtig nach oben und ziehen Sie dem Hund das Zuggeschirr aus.

Lassen Sie beim Ausspannen das Geschirr mit den Trageschlaufen an der Schere, haken Sie trotzdem die Zugstränge aus dem Ortscheit aus. Bleiben die Zugstränge an dem Ortscheit, wird der Wagen beim Abstreifen des Geschirrs und Hochheben der Schere nach vorne gegen die Hinterbeine des Hundes gezogen. Das müssen Sie unbedingt vermeiden.

Die ersten Fahrübungen

Haben Sie den Eindruck, der Hund verhält sich dem Wagen gegenüber neutral oder interessiert, nimmt ein Helfer die Schere am Wagen nach oben und Sie stellen den Hund in die richtige Position. Hier bewähren sich ein vertrauensvoller

Gewöhnung an die Schere von oben.

Gehorsam und ein gutes Stehkommando. Steht der Hund richtig, lässt der Helfer die Schere langsam von oben herab und befestigt sie am Geschirr. Wirken Sie beruhigend auf den Hund ein und loben Sie ihn ruhig. Überschwängliches Lob könnte ihn veranlassen, vor Freude ruckartige Bewegungen zu machen.

Hat sich der Hund an die Schere gewöhnt, fordern Sie ihn auf loszugehen. Viele Hunde, denen das Ziehen im Blut liegt, gehen unbeeindruckt los und ziehen den Wagen hinterher. Andere wieder erschrecken sich durch das Gewicht und versuchen seitwärts auszubrechen. Deshalb ist es gut, wenn ein Helfer ganz sanft den Wagen schiebt, damit der Hund vorerst das Gewicht nicht spürt.
Manche Hunde gehen erst ein paar Schritte und bleiben dann abrupt stehen. Hier ist der Helfer gefordert, den Wagen schnell abzubremsen, damit die Schere nicht das Geschirr in den Nacken des Hundes schiebt, weil der Hund noch kein Hintergeschirr hat, das dies verhindert.
Nach ein paar Metern, die der Hund vor dem Wagen gelaufen ist, spannen Sie ihn wieder aus. Am Anfang ist weniger mehr. Machen Sie die ersten Fahrübungen immer auf glattem Belag, weil der Wagen leicht rollt und nicht holpert. Vermeiden Sie, Bögen zu fahren, da in den Wendungen die Schere an die Seite drückt. Das erschreckt manche Hunde.

Belohnung ist wichtig

Einige Hunde erstarren, wenn sie das erste Mal am Wagen angespannt sind. Gehört Ihr Hund dazu, hilft es manchmal, einfach zu warten und auf den Hund beruhigend einzuwirken. Oft nehmen solche Hunde auch kein Leckerli. Drängen Sie Ihren Hund nicht und spannen Sie ihn wieder behutsam aus. Wiederholen Sie das Anspannen an verschiedenen Tagen immer wieder, bis Ihr Hund entspannt wirkt.

Reagiert der Hund in der Schere erschrocken oder panisch, entfernen Sie die Schere vom Wagen und lassen einen Helfer die Schere hinten halten. Nun kann der Helfer den Bewegungen Ihres Hundes folgen und Sie können beruhigend auf den Hund einwirken. Erst wenn er sicher in der Schere läuft, befestigen Sie sie wieder am Wagen. Bis es so weit ist, können mehrere Übungseinheiten nötig sein.

Lassen Sie sich nicht entmutigen und verunsichern, wenn Ihr Hund beim ersten Anspannen unwillig oder ängstlich reagiert. Mit Geduld wird er Vertrauen fassen und gerne seinen Wagen ziehen. Lassen Sie ihm und sich Zeit, denn eine schlechte Erfahrung kann Sie um Wochen zurückwerfen.

Für die ersten Schritte kann der Hund mit Leckerlis gelockt werden. Geht er ohne Angst am Wagen, stellt man das Locken sofort wieder sein und setzt die Leckerlis nur noch als Belohnung ein. Der Hund soll nicht folgen, weil ihm ein Leckerli vor die Nase gehalten wird wie dem Esel die Karotte. Verwenden Sie beim Angehen ein Signal wie „Zieh“ oder „Vorwärts“.

Am Anfang helfen Leckerlis

Langsam beginnen

Führen Sie den Hund von Anfang an am Wagen auf Ihrer rechten Seite und bringen Sie sich dadurch zwischen Verkehr und Hund, um ihn schützen.
Wenn der Hund sich problemlos anspannen lässt und freudig den Wagen zieht, lassen Sie ihn so oft es geht im Trab gehen. Im Trab läuft der Wagen leichter und die meisten Hunde haben an der Geschwindigkeit mehr Spaß. Achten Sie darauf, dass der Hund nicht an der Leine zieht. Ist er anfangs noch unsicher und langsam, ziehen auch Sie nicht an der Leine, sondern motivieren ihn, Ihnen zu folgen. Beginnen Sie aber unbedingt immer mit einer langsamen Gangart, um die Muskeln des Hundes zu erwärmen. Manche Hunde ziehen so begeistert Wagen und würden gleich lospreschen. Das müssen Sie verhindern, wenn Sie den Hund davor nicht schon anderweitig aufgewärmt haben. Wie bei jeder Sportart ist eine Aufwärmphase für Muskulatur, Herz und Kreislauf notwendig.

Stopp und Anhalten

Um das Stopp-Signal am Wagen zu üben, beginnen Sie in langsamem Tempo, damit der Wagen nicht zu sehr schiebt und der Hund sich nicht so sehr gegen das Hintergeschirr stemmen muss. Fahren Sie noch ohne Hintergeschirr, bitten Sie einen Helfer, den Wagen auch zu halten, damit er beim Anhalten das Zuggeschirr nicht in den Nacken Ihres Hundes schiebt. Hält der Hund zu abrupt an, könnte ihn das erschrecken. Vermeiden Sie, ihn mithilfe der Leine zu stoppen.
Lassen Sie ihn beim Anhalten stehen. Zu groß ist der Aufwand, nach jedem kurzen Stopp aus dem Sitzen und Liegen wieder aufzustehen. Festigen Sie das Halt-Signal so gut, dass Ihr Hund sich später auch im Freilauf jederzeit stoppen lässt. Am Wagen sollte er auf Ihr Signal hin stehen bleiben, sich dabei aber nicht auf der Stelle nach Ihnen umdrehen.

BREMSEN DES WAGENS

Der Wagen wird vom Hund mit der Schere gebremst. Bleibt der Hund stehen oder geht bergab, schiebt der Wagen von hinten die Schere so weit vor, bis sie vom Zuggeschirr des Hundes aufgehalten wird. Er kann den Wagen nicht selbst aktiv bremsen. Deshalb ist es unbedingt erforderlich, dass er beim Bremsen mit einem Hintergeschirr, einer Bremse und/oder mit einer Hilfsperson unterstützt wird.

Gewöhnen an das Hintergeschirr

Bevor Sie Ihrem Hund beim Fahren das Hintergeschirr anlegen, gewöhnen Sie ihn langsam und sorgfältig daran. Gehen Sie zu schnell vor, könnte es sein, dass der Hund sich erschrickt, wenn er den Druck des Geschirrs spürt, und nach vorne springt.

Rückwärtsschieben mit Hintergeschirr.

Beginnen Sie auf ebener Strecke mit dem Hund langsam zu gehen, damit der Wagen keine Fahrt aufnimmt. Dann üben Sie das Anhalten, indem Sie den Hund immer langsamer werden lassen, bis er zum Stehen kommt. Ruckartiges Anhalten müssen Sie am Anfang vermeiden, um den Hund nicht zu verunsichern. Nach und nach erhöhen Sie die Anforderung. Die meisten Hunde nehmen die Hilfe des Hintergeschirrs dankbar an.

Möchte Sie mit dem Hund rückwärts fahren, ist es hilfreich, die Lenkung des Wagens starr zu stellen. Andernfalls kann es passieren, dass am Wagen die Lenkachse einknickt, sich der Wagen quer stellt und – im schlimmsten Fall – kippt.
Der Einsatz eines Hintergeschirrs ist eine große Erleichterung für den Hund. Das bedeutet aber nicht, dass der Hund bergab oder beim Bremsen nicht unterstützt wird. Genauso, wie wir dem Hund bergauf beim Ziehen helfen, bremsen wir mithilfe der Kurbelbremse den Wagen bergab oder halten ihn von Hand zurück. Dasselbe gilt für das Anhalten oder Rückwärtsfahren, wobei wir dem Hund beim Schieben helfen können.

Warten am Wagen

Für Hunde ist es sehr ermüdend, über längere Zeit zu stehen. Sie setzen oder legen sich, wenn sie länger auf einem Fleck sind. Möchten Sie den Hund in eine Warteposition bringen, lassen Sie ihn sitzen oder liegen. Hunde, die sitzen oder liegen, bleiben sicherer in ihrer Position als Hunde, die stehen. Schnell ist da ein Schritt getan. Gehen Sie vom Hund weg, binden Sie zur Sicherheit den Wagen an einem Baum oder Ähnlichem fest, damit der Hund nicht unerwartet weglaufen kann. Denn das kann mit dem Wagen fatale Folgen haben.

Warten am Wagen: Diese Gruppenübung darf nur mit sicher abzulegenden Hunden durchgeführt werden.

Hinweise für das Fahren im Alltag

Fahren Sie vorausschauend, wenn Sie mit dem Hund Wagen ziehen. Sie müssen immer bedenken, dass das Gespann eine gewisse Länge hat und Sie gewissermaßen mit Anhänger fahren.

Zu parkenden Autos sollten Sie einen Sicherheitsabstand einhalten, denn Ihnen und dem Hund reicht es vielleicht noch gut vorbei, aber der Wagen ratscht am Lack entlang. Wenn Sie auf dem Gehweg oder auf der Straße fahren, beachten Sie die Bordsteinkante. Läuft das Rad gegen den Bordstein oder springt über ihn hinunter, bekommt der Hund einen Ruck auf die Schere und das Geschirr. Genauso müssen Sie beim Abbiegen beachten, dass der Wagen nach innen läuft und Sie an einem Hindernis hängen bleiben, wenn Sie nicht weit genug ausgeholt haben. Auch hier erhält der Hund einen starken Ruck, der ihm die Freude am Wagenziehen verderben kann.

Eine Übung für vorausschauendes Fahren.

Lassen Sie den Hund gleichmäßig und flüssig ziehen, denn ein rollender Wagen läuft leicht hinterher. Ständige Wechsel von Halten und Anziehen ist sehr anstrengend und belastend, weil jedes Mal viel Kraft aufgewendet werden muss, um den Wagen wieder in Gang zu setzen.
Fahren Sie mit dem Hund nicht nur auf Asphaltwegen. Der Wagen rollt auf ihnen zwar leichter, aber das Laufen darauf ist für die Hundepfoten und Gelenke schädlich. Gehen Sie häufig auf Gras- und Waldwegen, aber bedenken Sie dabei, dass der Hund auf unebenen Wegen eine viel höhere Zugkraft leisten muss als auf glatten Belägen.

HINWEIS!

Auf gutem Untergrund und ebenen Wegen können Hunde etwa das Vierfache ihres Körpergewichtes ziehen. Bergauf und bergab müssen Sie den Hund, auch bei viel geringerem Gewicht des Wagens, unbedingt unterstützen, indem Sie vorne am Wagen ein Seil befestigen, um beim Ziehen zu helfen, und ein Seil hinten, um zu bremsen. Hat der Wagen eine Kurbelbremse, bremsen Sie mit ihr mit.

Um einen schweren Wagen aus dem Stand anzuziehen, benötigt ein Hund sehr viel Zugkraft und unter Umständen menschliche Hilfe. Dem Hund zuliebe ist es ratsam, das Gewicht mit Ladung maximal auf etwa das Doppelte des Körpergewichts des Hundes zu beschränken.

Bergabfahren mit Hintergeschirr und Helfer.

Die kalte Jahreszeit ist ideal, um mit dem Hund Wagen zu ziehen. Im Winter ist das Aufwärmen noch wichtiger als im Sommer.

Spannen Sie einen Hund nur vor den Wagen, wenn er einen munteren und freudigen Eindruck macht. Wirkt er müde oder gar krank, muten Sie ihm auf keinen Fall körperliche Anstrengung zu.

Bei warmem oder schwülem Wetter lassen Sie den Wagen zu Hause stehen. Die individuelle Empfindlichkeit von Hunden ist sehr unterschiedlich. Dem einen ist es bei 22 °C zu warm, dem anderen schon bei 18 °C. Sie kennen Ihren Hund am besten. Bedenken Sie, dass Hunde nicht durch die Haut schwitzen können. Sie regeln ihre Körpertemperatur über das Hecheln. Es gibt Hunde, die sich beim Wagenziehen total verausgaben würden. Deshalb ist es wichtig, dass Sie erkennen, wann es für Ihren Hund besser ist, aufzuhören oder erst gar nicht anzuspannen. Ein Hund, der einen Jagdinstinkt hat und großes Interesse an allem, was sich schnell bewegt, oder aus anderen Gründen unberechenbar reagieren könnte, bleibt aus Sicherheitsgründen besser angeleint. Gerät der Hund samt Wagen außer Kontrolle, kann er dabei sich und andere verletzen.

Freizeitspaß mit dem Hundewagen

Wer glaubt, Wagenziehen mit Hunden wäre nur etwas für gemütliche und unsportliche Hunde mit ihren ebensolchen Menschen, der irrt. Auch wer sich mit anderen messen, wer die Geschicklichkeit und den Gehorsam am Wagen trainieren und sogar wer Prüfungen machen möchte, ist beim Wagenziehen richtig. Zughundewettbewerbe und Zughundeprüfungen mit Anforderungen in unterschiedlichen Schwierigkeitsgraden sind eine Herausforderung. Doch auch nur zum Spaß allein oder mit anderen einen Parcours ausstecken und diesen gemeinsam bewältigen, bringt viel Freude und regt zum Austausch mit anderen an.

Zughundeprüfungen

Bei Zughundewettbewerben und -prüfungen wird das Wesen des Hundes überprüft. Sehr scheue und auch aggressive Hunde werden zur Prüfung nicht zugelassen. Beides sind Wesensmerkmale, die beim Zughund nicht erwünscht sind. Während einer Geländestrecke beobachtet der Prüfer die Hunde hinsichtlich Kondition, Gehorsam und Umweltverträglichkeit. Dies kann angeleint oder unangeleint durchgeführt werden. Des Weiteren wird ein Parcours mit verschiedenen Durchgängen, Slaloms, Winkeln, Kreisen oder Kehren absolviert. Menschengruppen müssen passiert und Gehorsamsübungen gezeigt werden.

Bei der Zughundeprüfung in der Wende.

Bewertet werden die einwandfreie Anspannung, die Zugfreude, der Gehorsam, die Führigkeit, die Umweltverträglichkeit und das Zusammenspiel von Mensch und Hund. Kraft und Geschwindigkeit sind keine Bewertungskriterien. Auf den Hund darf auf keinen Fall Zwang ausgeübt werden. Dies führt zur Disqualifikation. Eine offizielle nationale und internationale Prüfungsordnung gibt es bisher aber nicht.

Parcoursfahren

Parcoursfahren ist auch ohne Prüfungsabsicht eine gute Übung. Der Hund kann den Parcours nur so gut durchlaufen, wie ihn sein Hundeführer durchführt. Kurven und Winkel müssen richtig eingeschätzt werden, damit der Wagen nicht an einem Hindernis hängen bleibt, besonders wenn der Weg schmal ist. Ersparen Sie dem Hund, an einem festen Hindernis mit dem Wagen anzustoßen, nur weil Sie das Anfahren eines Winkels falsch eingeschätzt haben. Das kann für den Hund sehr schmerzhaft sein, wenn er plötzlich am Geschirr zurückgerissen wird.

Um einen Parcours aufzubauen, eignen sich am besten Begrenzungen, die nachgeben. Pylonen, Absperrband, Kartons oder Bodenmarkierungen mit Sägemehl oder Farbe sind ideal.

Die Anspannung des Hundes – Zugvorrichtung, Geschirr, Wagen – dürfen den Hund nicht mehr als unbedingt nötig in seiner Bewegungsfreiheit einschränken, um die geforderte Leistung zu erbringen, und muss ihm den größtmöglichen Komfort bieten.

Hier einige Anregungen, wenn Sie mit Ihrem Hund in einem Parcours üben möchten:

- Slalom: Beliebig viele Pylonen werden in einem Abstand von etwa 5 Metern aufgestellt und in großen Bögen umfahren. Die Pylonen sollen mit dem Wagen nicht berührt werden.

- Tor: Ein Tor mit etwa 1,20 Meter Durchgang (kann mit einer Markierung simuliert werden) wird mit dem Hund durchfahren. Der Hund wird vor dem Tor abgesetzt, der Hundeführer öffnet das Tor, holt seinen Hund ab, geht mit ihm durch das Tor, setzt den Hund wieder ab und schließt das Tor.

- Winkel: Ein rechter und anschließend ein linker Winkel mit einer Durchgangsbreite von etwa 1,80 m werden markiert. Hund und Wagen dürfen die Markierung nicht berühren oder überfahren.

Winkel fahren.

- Balken: Ein angeschrägter Balken, etwa 10 cm breit und 4 m lang, wird mit einem Vorder- und einem Hinterrad überfahren.

Fahren über einen Balken.

- Kreis: Ein Kreis von etwa 3 m Durchmesser und 1,60 m Wegbreite wird markiert. Hund und Wagen dürfen die Markierung beim Durchfahren nicht berühren.

- Wenden: Ein U mit 3 m Breite wird markiert. Der Hund soll darin wenden, ohne die Markierung zu überfahren.

- Fahren über Holz-, Gitterrost oder Plastikplane.

- Wippe: Eine Wippe mit mindestens 1 m Breite und 4 m Länge wird überfahren - Achtung! Der Hund muss eine Wippe kennen, damit er sich am Kipppunkt nicht erschreckt.

Kreis fahren.

- An Flatterbändern, Windspielen und Klappergeräuschen vorbeifahren. Der Hund soll unerschrocken reagieren.
- Transport von Gegenständen von A nach B – der Hund bleibt während des Auf- und Abladens ruhig stehen.
- Rückwärtsfahren: Lassen Sie den Hund den Wagen gerade rückwärts drücken. Achtung! Nur mit Hintergeschirr und fest gestellter Zugvorrichtung.

Fahren über ein Holzrost.

Gemeinsame Unternehmungen machen Hunden und Menschen gleichermaßen Spaß.

Sind Sie eine ganze Gruppe von Wagenziehfreunden, treffen Sie sich doch zu einer Geländerallye mit verschiedenen praktischen Aufgaben und Fragen rund um das Wagenziehen. Mit einem Picknick für Mensch und Hund wird das zu einem großen Vergnügen.
Ihrer Fantasie sind keine Grenzen gesetzt, solange es Ihnen und vor allem Ihrem Hund Freude macht. Ziel muss es sein, dass Ihr Hund Ihnen freudig und gehorsam folgt.

Wandern mit Hund und Wagen

Können Sie den Wagen im Auto transportieren, bietet es sich an, Wanderrouten abseits der heimischen Spazierwege zu erkunden. Hier stößt man auf die gleichen Herausforderungen, die Rollstuhlfahrer und Familien mit Kinderwagen haben. Nicht alle Wege sind für den Wagen geeignet. Sie sollten nicht zu steil, nicht zu holprig und auch nicht zu schmal sein.
Für Wanderfahrten mit dem Hund eignen sich barrierefreie Wanderwege, die für Kinderwagen oder Rollstuhl-/Rollatorfahrer ausgewiesen sind. Man findet sie im Internet oder in speziell hierfür herausgegebenen Wanderführern. Die Wegstrecken sind nicht zu lang, sodass sie auch für das Wandern mit dem Hundewagen gut geeignet sind.
Wählen Sie die Länge der Tour so, dass sie für den Hund problemlos zu bewältigen ist. Denken Sie daran, dass ein Hund mit dem Wagen einer größeren

Belastung ausgesetzt ist als ohne ihn. Machen Sie häufig Pausen, bieten Sie Ihrem Hund Wasser an und achten Sie darauf, dass er die Möglichkeit hat, sich zu lösen.

Füttern Sie ihn nicht direkt vor dem Wagenziehen und vermeiden Sie Wagentouren bei Wärme. Je nach Kondition und Veranlagung des Hundes können 20 °C schon zu warm für eine längere Fahrt sein. Beobachten Sie Ihren Hund gut, erkennen Sie Ermüdungserscheinungen und überfordern Sie ihn nicht.

Eine große Herausforderung ist eine mehrtägige Wanderfahrt. Bei guter Planung kann das eine Unternehmung sein, die Sie und Ihren Hund noch mehr verbindet. Im Gegensatz zu Wanderungen mit Rucksack, können Sie alles auf den Wagen packen. Muten Sie dem Hund aber nicht zu viel an Gewicht zu und helfen Sie ihm bergauf beim Ziehen und bergab beim Bremsen.

TIPP

Wenn Sie mit dem Wagen unterwegs sind, ist es ratsam, neben den persönlichen Dingen für sich und den Hund eine Luftpumpe, Reifenflickzeug, Karabiner, Kabelbinder in verschiedenen Größen und passende Schraubenschlüssel als Notfallset mitzunehmen. Ein platter Reifen, ein verlorener Splint, ein vergessener Karabiner oder eine lose Schraube kann der Tour ein vorzeitiges Ende bereiten. Für Fahrten im öffentlichen Verkehr empfiehlt sich eine Warnweste, damit Sie von anderen Verkehrsteilnehmern besser gesehen werden.

Wanderung mit Picknick.

Ist Ihr Hund müde, können Sie es auch so machen. Doch auch das will gelernt sein.

Verhalten im Straßenverkehr

Mit dem Hundegespann macht es am meisten Freude, in Wald, Feld und Flur unterwegs zu sein oder auf einem Übungsplatz zu trainieren. Wenn wir mit dem Hundewagen Besorgungen machen, auf Wandertouren unterwegs sind oder den Verkehrsteil einer Prüfung absolvieren, ist es oft unerlässlich, am öffentlichen Straßenverkehr teilzunehmen.

Da Hundewagen auf öffentlichen Straßen sehr selten sind und nicht zum alltäglichen Straßenbild gehören, sollte es selbstverständlich sein, auf andere Verkehrsteilnehmer – Kraftfahrzeuge, Fahrräder, Fußgänger, Kinder – besondere Rücksicht zu nehmen. Wie alle anderen Verkehrsteilnehmer auch, sind wir mit unserem Gespann natürlich verpflichtet, uns an die geltenden Verkehrsregeln zu halten.

Die Straßenverkehrsordnung (StVO) enthält keine Regelungen für das Führen von Hundegespannen.

Nach Auskunft des Bundesministeriums für Verkehr, Bau und Stadtentwicklung lässt sich eine Aussage zur Klärung, ob es sich bei gezogenen Hundewagen um Fahrzeuge im Sinne der StVO handelt und wie Hundegespanne nach der StVO zu beurteilen seien, pauschal nicht machen. Dies sei vom jeweiligen Einzelfall abhängig.

Das Fahren in Wald und Flur ist in Deutschland nicht bundesweit, sondern in den Landeswaldgesetzen der jeweiligen Bundesländer geregelt.

Eine Warnweste und ein Wagen, der mit Reflektoren ausgestattet und bei Fahrten in der Dunkelheit beleuchtet ist, tragen zur Sicherheit des Gespannes und anderer Verkehrsteilnehmer bei.

Trotz aller Vorsicht kann es passieren, dass der Hund mit seinem Wagen andere in irgendeiner Weise schädigt. Die Haftung des Tierhalters für solche Schäden, regelt § 833 des Bürgerlichen Gesetzbuches (BGB).
Vergewissern sollte man sich, ob die eigene Tierhalterhaftpflichtversicherung etwaige Schäden deckt, die beim Wagenziehen entstehen können.

RICHTIG FÖRDERN

Fördern Sie die Freude Ihres Hundes am Wagenziehen durch ein gutes Vertrauensverhältnis, gute Erziehung, behutsames Einfahren und vorausschauendes Leiten.

Zum Schluss

„Wagenziehen mit Hunden“ – ein Buch, das nur geschrieben werden konnte, weil mich Menschen begleiten, die mich unterstützen und an mich glauben. Und Hunde, die vertrauen und noch nicht verlernt haben, ihre Empfindungen auszudrücken, weil sie wissen, dass einer hinsieht, der ihre Gefühle wahrnimmt und berücksichtigt. Manchmal sind es nur Kleinigkeiten und Momente, in denen ein Hund zeigt, was gut für ihn ist und was nicht. Gerade durch die Hunde habe ich viel gelernt und habe mich in meinen Ansichten und Erkenntnissen bestätigt gefühlt.

Für all das möchte ich **Danke** sagen!
Zuallererst Danke den vielen Hunden verschiedenster Rassen, die ich anspannen durfte, und deren Menschen.
Dann meiner Freundin Karin Pfeifer-Rockenfeller, die den Impuls gegeben hat, ein Buch zu schreiben.
Den Mitgliedern meiner Wagenziehgruppe mit ihren Hunden, die mir vertrauen und mir Rückmeldung geben.
Denen, die einzelne Kapitel oder das Buch gegengelesen und ihre konstruktive Kritik geäußert haben, und allen, die mich in irgendeiner Weise beraten, unterstützt und ermuntert haben, deren Aufzählung hier zu weit führen würde.

Franko, Amika und Ike.

Jedem Einzelnen, der sich für das Buch ablichten ließ und mir beim Fotografieren hilfreich zur Seite stand.
Herrn Ruiz, Sattler, Bingen, der bereit war, das Kragengeschirr zu optimieren und zu nähen und Frau D'Argent, Sattlerin, Stuttgart, die für mich Kragen- und Hintergeschirre fertigt.
Waldemar Stalljohann und Walter Ehnis, die uneigennützig Wagen, Deichseln und Scheren gebaut und angepasst haben.
Einen besonderen Dank an Prof. Dr. Bernd Günter, der mir seit Jahren geduldig zuhört, mich berät und an mich glaubt und von dem das Foto stammt, das mich letztendlich auf meinen Weg gebracht hat.
Und an meinen Mann Peter, der mich unterstützt und mir unzählige Arbeiten des täglichen Lebens abnimmt, damit mir für meine Hundeaktivitäten genug Zeit bleibt. Ohne ihn wäre Vieles nicht möglich.
Der allergrößte Dank jedoch gilt meinen Hunden Franko, Amika und Ike, die mich in den vergangenen Jahren auf meinem Weg begleitet und die mir so wunderbar und deutlich gezeigt haben, wie eine optimale Anspannung von Hunden sein muss.
Um viele Sachverhalte im Buch zur besseren Verständlichkeit bildlich darzustellen, standen sie für mich unzählige Stunden Modell, geduldig und ausdauernd.
Danke!
Sie haben meine Begeisterung für das Wagenziehen, dem ich anfangs skeptisch gegenüber stand, geweckt, weil ich gesehen habe, mit welcher Freude und welchem Stolz sie ihren Wagen ziehen und wie gerne sie mit mir zusammen Aufgaben bewältigen und Neues lernen.
Ohne sie wären dieses Buch und die vielen anschaulichen Fotos nicht entstanden.

Doris Braun
Vollmaringen, Januar 2014

Anhang

Was Sie alles beachten müssen

Hunde brauchen eine artgerechte Beschäftigung und wollen, je nach Temperament und Arbeitsfreude, körperlich und geistig gefordert werden. Wagenziehen ist eine Möglichkeit, dem Hund ein artgerechtes und gesundes Leben zu ermöglichen. Damit das so ist, müssen jedoch einige Dinge beachtet werden. Sie werden hier im Folgenden noch einmal zusammengefasst aufgeführt:

- Ein Hund muss ausgewachsen sein, bevor er unter Belastung – Gewicht, bergauf/bergab, längere Strecke – ziehen darf. Je nach Rasse ist das mit etwa eineinhalb bis zwei Jahren. Mit Gewöhnung an Geschirr, Zugvorrichtung und Wagen und erstem behutsamem Einfahren ohne Last kann früher begonnen werden.
- Eine Altersgrenze nach oben gibt es nicht. Ein gesunder und fitter Hund kann bis ins hohe Alter seinen Wagen ziehen. Hat er große Freude am Wagenziehen, wäre es bedauerlich, ihm dieses Vergnügen im Alter zu nehmen. Passen Sie die Anforderungen an die Leistungsfähigkeit Ihres alten Freundes an.
- Um Wagen zu ziehen, braucht der Hund einen gesunden Bewegungsapparat. Auf keinen Fall darf ein Hund vor den Wagen gespannt werden, der Schmerzen hat. Je nach Rasse liegen Dispositionen für HD, ED, OCD oder Patella-Luxation vor. Gelenkschäden können schmerzhaft Arthrosen verursachen. Besonders beim älteren Hund sind zudem noch Wirbelsäulenerkrankungen zu beachten, die schleichend auftreten können.
- Das Herz-Kreislauf-System des Hundes muss stabil sein. Nur ein gesunder Hund darf Wagen ziehen.
- Fühlt sich der Hund an einem Tag nicht wohl, macht einen müden oder kranken Eindruck, spannen Sie ihn auf keinen Fall an.
- Trächtige und säugende Hündinnen gehören zu deren Schutz nicht vor den Wagen.
- Spannen Sie nur einen trainierten Hund vor den Wagen. Die Muskeln des Hundes müssen langsam aufgebaut werden. Überlastungen können zu Gesundheitsschädigungen führen.
- Der Hund muss über einen guten Grundgehorsam verfügen, wenn er vor den Wagen gespannt wird. Gehorcht er nicht in jeder Situation zuverlässig, ist es besser, ihn zu seinem und zum Schutz anderer angeleint zu lassen.
- Wagenziehen ist eine Beschäftigung für die kühlere Jahreszeit. Spannen Sie keinen Hund bei warmem Wetter und bei hoher Luftfeuchtigkeit an. Die Wärmeempfindlichkeit ist von Rasse zu Rasse und von Hund zu Hund sehr unterschiedlich. Ideal sind Temperaturen unter 20 °C.

- Beginnen Sie jedes Wagenziehen in normalem Schritttempo, um die Muskeln zu erwärmen und Herz und Kreislauf in Schwung zu bringen. Verhindern Sie, dass Ihr eifriger Hund losprescht. Ist er aufgewärmt, ist der Trab die angenehmste und kräfteschonendste Gangart für ihn.
- Füttern Sie den Hund nicht kurz vor dem Wagenziehen. Warten Sie mindestens zwei Stunden nach der Mahlzeit oder füttern ihn erst, wenn Sie zurückkommen und er sich ein wenig ausgeruht hat.
- Ermöglichen Sie dem Hund, sich vor dem Wagenziehen zu lösen.
- Nehmen Sie zum Wagenziehen immer Trinkwasser für den Hund mit und bieten Sie es ihm in den Pausen an. Verhindern Sie jedoch, dass er schnell große Mengen trinkt.
- Bei längeren Wagenziehtouren legen Sie regelmäßig Pausen ein.
- Achten Sie auf eine ergonomische Anspannung des Hundes. Das Geschirr darf nicht drücken und scheuern und muss über optimale Zug- und Druckpunkte verfügen. Die Zugvorrichtung muss ihm ermöglichen, sich frei und ungehindert zu bewegen. Der Wagen soll in Größe und Gewicht seiner Leistungsfähigkeit angepasst sein und über große, leicht laufende Räder verfügen.
- Der Kraftaufwand des Hundes ist an Steigungen deutlich höher als auf der Ebene oder bei Gefälle. Am meisten Kraft benötigt ein Hund beim Anziehen des Wagens. Rollt der Wagen auf glattem, ebenem Untergrund, ist der Kraftaufwand sehr gering, bei unebenem, weichem Boden steigt er deutlich an.
- Verhalten Sie sich im Straßenverkehr besonders rücksichtsvoll gegenüber anderen Verkehrsteilnehmern.
- Beachten Sie das Tierschutzgesetz:

§ 3 TIERSCHUTZGESETZ

Es ist verboten, einem Tier außer in Notfällen Leistungen abzuverlangen, denen es wegen seines Zustandes offensichtlich nicht gewachsen ist oder die offensichtlich seine Kräfte übersteigen.

Es ist verboten, ein Tier auszubilden oder zu trainieren, sofern damit erhebliche Schmerzen, Leiden oder Schäden für das Tier verbunden sind.

Begriffserklärung

Anspannung: Geschirr, Zug-, Lenk- und Bremsvorrichtung sowie Wagen, mit denen der Hund angespannt wird.

Aufhalter: Riemen oder Ketten, mit denen das Zuggeschirr an der Deichsel des Zweispänners befestigt wird.

Brustblattgeschirr: Zuggeschirr, mit dem mittels eines breiten Gurts, der die Brust und den Oberarm umschließt, mit Zugsträngen gezogen wird.

Deichsel: Vorrichtung der Zwei(Mehr-)spänneranspannung, mit der der Wagen gelenkt und gebremst wird.

Druckpunkt: Druck des jeweiligen Geschirrteils auf die jeweilige Stelle des Hundekörpers im Zug.

Hintergeschirr: Bremsgeschirr, mit dem mittels eines Gurtes um die Hinterhand der Wagen gebremst, zurückgesetzt und an Gefällstrecken gehalten wird.

Kragengeschirr: Zuggeschirr, mit dem mittels eines breiten Kragens, der den Hals und die Schulter umschließt, mit Zugsträngen gezogen wird.

Lastenzug: Zug von (meist) vierrädrigen Wagen im langsamen bis mittleren Tempo.

Ortscheit: Bewegliche Verbindung zwischen Wagen und Zugsträngen. Ortscheit und Zugstränge ergeben die Zugvorrichtung. Mit ihnen wird der Wagen gezogen. Praktischerweise an der Schere oder Deichsel angebracht.

Pulkageschirr: Zuggeschirr, mit dem mittels Gurten um Hals und über das Brustbein an starren Zugvorrichtungen gezogen wird.

Pulmetgeschirr: Zuggeschirr, mit dem mittels Gurten um den Hals und über das Brustbein mit Zugsträngen gezogen wird.

Pulkastange: Siehe Zugstange/-bügel.

Rollwiderstand: Der Widerstand der Räder, der überwunden werden muss, um den Wagen in Bewegung zu setzen und zu halten. Der Rollwiderstand ist abhängig von der Reifengröße und -breite, vom Luftdruck, vom Profil und von der Bodenbeschaffenheit.

Rückentragegurt: Geschirrteil, das hinter dem Widerrist aufliegt und in dessen Schlaufen die Schere eingehängt wird. Er wird mit dem Bauchgurt geschlossen.

Saccocart: Trainingswagen, bei dem der Mensch auf dem Wagen sitzt und diesen über die Zugstangen lenken kann.

Schere: Vorrichtung der Einspänneranspannung, mit der der Wagen gelenkt und gebremst wird. Richtigerweise als Gabel bezeichnet, was aber weniger gebräuchlich ist. Bei der Schere sind die beiden Holme unabhängig voneinander am Wagen angebracht und einzeln beweglich, bei der Gabel sind sie miteinander verbunden.

Schrittausgleich: Wirkung des Ortscheits, das in den Vorwärts- und Biegebewegungen beim Vortritt des Hundes wechselseitig mitschwingt, damit die Zugstränge nachgeben können und das Geschirr den Hund nicht hemmt.

Spielwaage: Bewegliche Zugvorrichtung des Zweispänners, an der die beiden beweglichen Ortscheite befestigt sind. Sie ermöglicht dem jeweiligen Hund mehr Spielraum in Wendungen. Lässt allerdings auch zu, dass der stärker ziehende Hund weiter nach vorne gehen kann.

Zugkraft/Schubkraft: Die Kraft, die der Hund aufbringen muss, um den Zugwiderstand zu überwinden.

Zuglast: Gewicht des Wagens mit Ladung.

Zuglinie: Ist die Linie, in der der Zugstrang verläuft. Sie muss immer gerade (nicht waagerecht) und ungebrochen vom Befestigungspunkt am Geschirr zum Ortscheit verlaufen.

Zugpunkt: Befestigungspunkt der Zugstränge am Geschirr.

Zugstange/-bügel: Starre Zug-, Lenk- und Bremsvorrichtung der Ein- und Zweispänneranspannung ohne Zugstränge und Ortscheit.

Zugstrang: Riemen, Gurt oder Seil, mit dem der Wagen gezogen wird. Der Zugstrang wird am Zugpunkt des Geschirrs und am Ortscheit befestigt.

Zugwiderstand: Der Widerstand, den der Hund mit seiner Zugkraft überwinden muss, um den Wagen zu bewegen. Der Zugwiderstand hängt ab vom Gewicht des Wagens (Zuglast), der Bodenbeschaffenheit (Rollwiderstand), der Steigung und der Geschwindigkeit.

Zugwinkel: Der Zugwinkel ist der Winkel, mit dem der Zugstrang von einer gedachten horizontalen Linie am Ortscheit bis zum Zugpunkt des Geschirrs geführt wird. Er ist abhängig von der Anbringung des Ortscheits am Wagen, der Größe des Hundes und dem verwendeten Geschirr.

Sabine Koslowski

Schweizer Sennenhunde

Appenzeller, Berner, Entlebucher, Großer Schweizer

€ 24,90 (D)
ISBN 978-3-88627-811-4

Tina Werner

Wellness für Hunde

Massage und Physiotherapie für jeden Tag

€ 14,95 (D)
ISBN 978-3-88627-824-4

Uta Reichenbach/Gabriele Lehari

Der zuverlässige Begleithund

Von der Welpenerziehung bis zur Begleithundprüfung

€ 14,95 (D)
ISBN 978-3-88627-823-7

Oertel+Spörer – Der Spezialist für Kleintierbücher

www.oertel-spoerer.de